智能机器人 SLAM 与路径规划技术

陶重犇　高涵文　崔国增　著

U0281184

电子工业出版社
Publishing House of Electronics Industry
北京·BEIJING

内 容 简 介

随着人工智能技术的发展，机器人进入了智能化阶段。如何使机器人像人类一样观察世界、感知世界，一直都是人工智能、计算机科学领域的热门话题。SLAM 主要解决的是机器人领域中"我在哪""我周围有什么"的问题，是机器人实现智能化的关键技术。本书对智能机器人 SLAM 与路径规划进行了详细的介绍，内容涵盖传感器、移动机器人平台、路径规划和跟踪、传感器融合方法、障碍回避和 SLAM 等。本书对目前主流的位姿 SLAM、视觉 SLAM 和语义 SLAM 算法进行了介绍与比较，也对深度学习技术在智能机器人 SLAM 与路径规划中的作用进行了较为详细的介绍，以便为学习者提供更多的参考信息。

本书可作为人工智能、计算机科学与技术、电气工程及其自动化、电子信息工程等专业的本科生、研究生的教材，也可作为相关专业的工程技术人员、机器人爱好者的参考书。

图书在版编目（CIP）数据

智能机器人 SLAM 与路径规划技术 / 陶重犇，高涵文，崔国增著. -- 北京 ：电子工业出版社，2024. 11.

ISBN 978-7-121-49053-8

Ⅰ．TP242.6

中国国家版本馆 CIP 数据核字第 20240BX069 号

责任编辑：王艳萍

印　　刷：河北鑫兆源印刷有限公司

装　　订：河北鑫兆源印刷有限公司

出版发行：电子工业出版社

　　　　　北京市海淀区万寿路 173 信箱　　　邮编：100036

开　　本：787×1092　　1/16　　印张：12　　字数：293 千字

版　　次：2024 年 11 月第 1 版

印　　次：2024 年 11 月第 1 次印刷

定　　价：49.00 元

凡所购买电子工业出版社图书有缺损问题，请向购买书店调换。若书店售缺，请与本社发行部联系，联系及邮购电话：（010）88254888，88258888。

质量投诉请发邮件至 zlts@phei.com.cn，盗版侵权举报请发邮件至 dbqq@phei.com.cn。

本书咨询联系方式：（010）88254609，hzh@phei.com.cn。

前　　言

随着人工智能技术的迅速发展，智能机器人逐渐走进了人们的生活，并且在各个领域中的应用越来越广泛。SLAM（Simultaneous Localization and Mapping，即时定位与地图构建）技术作为智能机器人的核心技术之一，极大地提高了智能机器人的工作效率，降低了人力成本。位姿 SLAM、视觉 SLAM（VSLAM）和语义 SLAM 等技术已成为智能机器人 SLAM 领域的研究热点。

在地图已知的情况下，智能机器人常通过不断校正自身位置来实现精确定位。然而在地图未知的情况下，智能机器人只能先通过传感器获取相关环境信息；然后利用数据处理提取有用的信息，构建地图；最后实现在该地图中的定位。为了实现精确定位，智能机器人需要利用位置相对确定的环境特征不断修正自身位置。同时，为了确定环境特征的位置，智能机器人需要知道自身的准确位置。在智能机器人位置和地图未知，并且智能机器人从未知环境的未知位置出发的情况下，智能机器人在不断更新环境地图的同时，利用构建的地图同步更新自身位置的过程被称为 SLAM 问题。

目前，SLAM 问题已朝不同研究方向发展，呈现百花齐放的局面。主流的二维 SLAM 算法包括基于扩展卡尔曼滤波器实现的 EKF-SLAM 算法、基于图优化的 SLAM 算法、位姿 SLAM 算法等。SLAM 问题的前期研究内容通常是在室内环境中将环境建模为一组二维地标，但是这种方法不适用于较复杂和非结构化的环境。视觉是人类获取外部环境信息的一种感知方式，对智能机器人而言，亦是如此。由于计算机视觉技术不断地完善和发展，以及视觉传感器价格相对低廉，人们对 VSLAM 算法的研究如火如荼。但是，目前主流的 VSLAM 算法中很少有利用空间语义信息的，不能获得环境中的语义信息，满足不了智能机器人执行进一步任务的需求。本书将对目前主流的 VSLAM 算法和语义 SLAM 算法进行研究。由语义 SLAM 算法生成的地图展现了一种新的人机交互方式，人们可以向智能机器人传达包含语义标签的指令。智能机器人在接收到包含语义标签的指令时，会根据已经构建的语义地图进行目标查找；在获得与语义地图相关联的目标信息时，会利用已经构建的语义地图进行信息匹配，并选择合适的路径执行任务。VSLAM 算法可以计算对象之间的位置约束，提高语义理解的准确性。

本书得到国家自然科学基金面上项目"多模态自适应特征融合的机器人 3D 目标检测方法研究"（项目编号：62472300），国家自然科学基金面上项目"未知环境下域变化持续学习方法研究"（项目编号：62476189），国家自然科学基金青年科学基金项目"面向低质量标注下 SAR 目标标签非确知特性研究"（项目编号：62201375）。

本书整合了陶重犇博士、高涵文博士、崔国增博士的相关学术研究成果。本书的撰写分工为陶重犇博士负责第 1～5 章的撰写，高涵文博士负责第 6～8 章的撰写，崔国增博士负责第 9～12 章的撰写。同时，高涵文博士负责本书的统稿工作。

目　录

第 *1* 章

绪　论

1.1　引言

近年来，由于我国老年人的占比越来越大，劳动力减少，人力成本越来越高，因此制造业不得不向科技化、自动化方向转变。随着人口老龄化速度的加快，养老院、学校、医院等公共服务机构在看护、教育、医疗等方面的劳动力需求增大，这就需要能满足这方面需求的机器人代替人类从事这方面的工作。社会对机器人的需求由工业迅速拓展到社会各个行业。

《"十四五"机器人产业发展规划》指出"机器人被誉为'制造业皇冠顶端的明珠'，其研发、制造、应用是衡量一个国家科技创新和高端制造业水平的重要标志。当前，机器人产业蓬勃发展，正极大改变着人类生产和生活方式，为经济社会发展注入强劲动能。"又指出"面对新形势新要求，未来 5 年乃至更长一段时间，是我国机器人产业自立自强、换代跨越的战略机遇期。必须抢抓机遇，直面挑战，加快解决技术积累不足、产业基础薄弱、高端供给缺乏等问题，推动机器人产业迈向中高端。"

随着社会老龄化问题的不断加剧，人们对机器人进入家庭并为其提供服务的需求越来越迫切。机器人如何探测未知的室内环境，如何与人互动并为人提供服务，成为最先需要解决的问题。由于人们大部分时间都是在室内度过的，并且人们常根据自身需求在不同室内环境中活动，因此机器人工作的室内环境时常会发生变化。然而，依靠目前的环境建模技术构建的地图存在局限性，即构建的地图只在一段时间内有效，如果环境改变，就需要重新构建。另外，现有地图模型只体现了机器人自身的位置信息，如果机器人想要与环境中的人进行信息交互，那就需要借助语义地图。因此，要使机器人真正具备类似人的智能是一项具有挑战性的工作。研究人员需要将在信号处理、统计学、机器学习和计算机视觉等领域多年积累的研究成果应用到实际的机器人研发中。由于上述工作很艰巨，研究人员离研发出真正意义上的智能机器人还有很长的路要走。比尔·盖茨曾预言："未来每一个家庭都会拥有廉价、智能的机器人"，人们比以往任何时候都更迫切地想要实现拥有智能机器人的梦想。目前，各国政府和工业界都已经提出了各自有关智能机器人的发展计划，越来越多的机器人已经开始进入人们的日常生活中。

1.2 研究现状

1.2.1 国外研究现状

虽然早期的 VSLAM 基于滤波理论，但是非线性的误差模型和较高的数据处理要求阻碍了它的广泛使用。随着时代的发展，VSLAM 相关理论技术和智能设备条件不断进步，人们开启了研究 VSLAM 的浪潮。国外著名的 VSLAM 领域实验室有美国加州大学圣地亚哥分校语境机器人研究所、美国特拉华大学机器人感知与导航组、美国麻省理工学院 SPARK 实验室、加拿大蒙特利尔大学机器人与嵌入式 AI 实验室、德国慕尼黑工业大学计算机视觉组等，这些实验室的团队对 VSLAM 相关理论技术的发展做出了重大贡献。

MonoSLAM 是第一个单目 VSLAM 系统，是 VSLAM 研究工作的里程碑[1]。PTAM 算法[2]首次提出了 SLAM 前端、后端的概念，并把追踪与建图分为两个线程，为其后 VSLAM 系统的设计指明了方向。ORB-SLAM 系统[3]分为追踪、建图和回环检测三个线程，是基于特征提取的现代 VSLAM 系统的典型代表。Kinect 融合[4]（KinectFusion）算法使用 Kinect 深度相机获取环境的视觉信息，通过融合、配准与计算模型投影来估计位姿，是能够实时构建稠密三维地图的三维 VSLAM 算法。在该算法被提出后，弹性融合（ElasticFusion）和动态融合（DynamicFusion）等优秀的三维 VSLAM 算法陆续出世，对三维语义 VSLAM 的发展起到了积极的推动作用。

以这些优秀的三维 VSLAM 算法为基础，研究人员对 VSLAM 的研究越来越深入。针对 VSLAM 系统中的数据处理问题，Navarrete 等人[5]提出了基于广义矩阵估计（Generalized Method of Moment，GMM）的三维 VSLAM 点云压缩与配准算法，该算法先使用基于平面的三维模型选择点并对其进行分组；然后使用高斯混合模型的快速变体和期望最大化算法，用一组高斯分布替换在上一步骤进行分组的点；最后使用解压缩模型获得三维点云地图。Pu 等人[6]提出了一种基于 RGB-D 图像的视觉里程计运算与评估算法，该算法使用光度误差最小化技术实现将两个重叠的 RGB-D 图像对齐为连续公式的刚体变换，并通过对问题的函数化处理和在希尔伯特空间中表示 RGB-D 图像的处理模型来实现连续性，该算法在环境缺乏结构和纹理的情况下依旧有效。Zhong 等人[7]提出了 ORBSLAM-Atlas 系统，该系统将宽基线匹配检测和开发引入多地图领域，使 SLAM 系统具备了多建图能力和更好的鲁棒性。在建图过程中丢失当前地图特征的跟踪时，ORBSLAM-Atlas 系统将构建新的子地图，并检测具有公共区域的子地图，进行精确融合。ORBSLAM-Atlas 系统在特征点容易丢失的复杂场景中运行效果良好。

针对在低纹理环境中难以找到足够数量的可靠特征点和特征点遮挡等问题，Gomezojeda 等人[8]提出了一种结合点和线的立体 VSLAM 系统，该系统在运行的所有阶段都用到了特征点和特征线。同时，他们基于这两种特征的组合描述能力提出了一种新的词袋算法并将其用于闭环检测，该算法可以使系统在特征点缺乏或分布不均匀的情况下稳定工作，鲁棒性强且能实时运行。Li 等人[9]认为关键帧法具有较差的可扩展性等一些固有的限制，因此他们提出了体素图表示法，该算法通过光线投射的方式对相机视锥进行采样，并在恒定的时间内使用有效的体素散列算法查询相机位姿的可见点，以在一定程度上识别和去除遮挡点。相比关键帧法，该算法的地图定位精度更高。VSLAM 系统通常对计算能力有较高要求，Alves 等人[10]提出了一种面向低计算能力机器人的无线远程 RGB-D VSLAM 解决方案。该方案利用了新型压缩技术，并基于 ROS（Robot Operation System，机器人操作系统）通过无线网络发送 RGB-D 图像，可达到与传统的本地 RGB-D VSLAM 相同的性能。

如何从单目图像中获取丰富的几何信息并构建稠密地图是未来机器人技术发展的基础，Czarnowski 等人[11]针对该问题提出了一个实时的稠密单目 VSLAM 系统，在因子图中将几何先验知识与经典 SLAM 公式相结合。该系统具有不同于 VSLAM 系统的优点，是第一个实时的稠密单目 VSLAM 系统。

在 VSLAM 技术的应用方面，Hidalgo 等人[12]对单目 ORB-SLAM 系统在水下场景的应用进行了评估。单目 ORB-SLAM 系统可基于图像帧构建三维地图，并使用基于特征的前端和基于图优化的后端来估计机器人的位置。实验结果表明，在适当的光照、能见度和水动力条件下，单目 ORB-SLAM 系统具有出色的工作性能。

为了提高 VSLAM 系统的运行速度，缩短计算时间，Kazami 等人[13]提出了一种新的 VSLAM 系统优化算法，即通过提取特征点的随机子集对相机位姿进行估计，以减小重投影误差，并在保证一定精度的前提下缩短计算时间，提高系统的鲁棒性和运行速度。

深度学习算法是目前主流的识别算法，相对于传统的识别算法，其具有更好的识别效果和准确率，这归因于使用多层神经网络学习图像的特征。利用深度学习算法可以读取图像的语义信息，将图像和语义信息关联可以构建环境的语义地图，从而提高机器人的智能交互性，使其执行更多需要语义标签的任务。为了构建环境的语义地图，Mc Cormac 等人[14]提出了语义融合（SemanticFusion）算法，这是一种基于卷积神经网络的稠密三维语义地图构建算法，它利用深度学习算法预测物体类别标签，使用弹性融合相关算法对相机进行估计，从而提高不同视角下卷积神经网络的预测概率，构建稠密的三维语义地图。

Runz 等人[15]提出了一种环境的三维重建算法，该算法具有良好的实时性，可以进行实例感知、语义分割、动态追踪，可以在场景中对多个目标进行识别，还可以在具有动态障碍物的环境下运行。

针对工业场景需求，Mahe 等人[16]提出了一种实时语义 SLAM 算法，该算法可以稳定地构建与机器人任务相关的、带有语义标签的三维地图，其语义分割网络可以针对给定实例进行微调，并能使用噪声标签以半监督的方式进行模型训练。他们开发的软件与 ROS 集成，可以实时运行。

针对传统算法的语义信息扩展性不强和建图准确度不高等问题，Bernreiter 等人[17]提出了一种基于多假设跟踪的语义建图算法。该算法利用多个假设树，通过位置、实例和类，导出语义度量的概率数据并将其关联，进而创建语义表示。此外，该算法还可以利用位姿图推导出新的语义 SLAM 解。Atanasov 等人[18]引入了语义对象作为中层特征的结构化模型来构建纯几何模型，该模型使用关联概率数据来避免语义特征和语义对象之间硬性的错误关联，对于复杂环境有良好效果。Taihú等人[19]基于 VSLAM 算法提出了一种在线目标检测与定位的 VSLAM 系统，该系统使用 S-PTAM 模块实时估计相机的位姿，使用基于深度学习的目标检测模块估计输入图像中物体的三维位姿。该系统包括 S-PTAM 模块、RCNN 模块和目标映射模块，能实现良好的目标定位与检测结果。Lee 等人[20]提出了一种包含更多高层信息的语义描述符，机器人利用该语义描述符能识别特定的物体和地点，并通过物体间的位置关系等拓扑信息达到更精确的定位效果。Bavle 等人[21]提出了一个轻量级的、实时的可视化语义 SLAM 框架，该框架将低层视觉/视觉惯性里程计与从检测到的语义对象中提取的平面几何信息相结合，提高了运行速度和估计值的精度，同时该框架可以推广到多个语义对象实例，且无须考虑实例形状和大小。基于图的 SLAM 算法可以将先进的视觉/视觉惯性里程计算法与目标检测器相结合，以此估计机器人完整的六自由度姿态，构建环境的稀疏语义地图。

为了能够在动态环境中实时识别运动目标并估计其速度，Kim 等人[22]提出了一种基于特征的、无模型的、对象感知的动态 SLAM 算法，该算法将语义分割技术用于估计环境中刚体的运动，无须估计刚体的位姿和任何三维模型的先验信息，就能生成包含动态结构和静态结构的地图，并能提取场景中刚体的运动速度。Schorghuber 等人[23]将深度学习算法用在传统的 VSLAM 系统中，通过计算每个地图点的置信度，将其作为 VSLAM 系统语义类的函数，用高置信度点验证低置信度点，来选择进行位姿估计和建图的最终点集；并对状态在静态和动态之间变化的点进行处理。实验结果表明，该算法可以有效解决 VSLAM 算法在动态环境中失效的问题。Kaneko 等人[24]将 VSLAM 技术与语义分割技术相结合，使用 ORB-SLAM 框架，利用语义分割技术产生的掩模，剔除动态对象上的特征点，使系统仅使用静态对象上的特征点，稳定地估计了相机位姿，获得了更高的精度。

1.2.2 国内研究现状

国内比较著名的 VSLAM 领域实验室有香港科技大学机器人学院的机器人与多感知实验室、浙江大学计算机辅助设计与图形学国家重点实验室、西北工业大学巴黎高科 MINES 机器人与智能系统联合实验室等。国内的机器人相关研究虽然起步较晚，但是获得了不少研究成果。

针对单目 VSLAM 算法无尺度信息与相机移动过快时难以捕捉特征点等问题，王泽华等人[25]使用一种模糊自适应的姿态融合算法精确估计了惯性测量单元的航向角，配合 ORB-SLAM2 算法进行了尺度转换，并基于松耦合方式采用卡尔曼滤波器对位姿进行了融合，使单目 VSLAM 系统的性能得到了优化。王丹等人[26]引入轮式里程计数据为 VSLAM 系统提供先验和尺度信息，同时将特征点、特征线融合处理以提高数据关联的准确度，使 VSLAM 系统的有效性和精度得到了提高。为了提高 VSLAM 系统的实时性和位姿估计的精度，张峻宁等人[27]使用局部特征地图对各帧图像进行配准工作，并提出一种特征地图优化模型（用于更新特征地图的内点和外点）。郑国强等人[28]基于 VSLAM 系统提出了一种改进的配准算法，该算法用相似度函数确定匹配样本对中的差异，从函数数据子集中提取样本，从而在三维地图重建过程中获取高质量的匹配点对，以完成图像识别、配准任务。布树辉教授带领团队基于 VSLAM 技术，通过处理关键帧信息生成局部数字表面模型和镶嵌模型，将局部数字表面模型融入全局模型，并将滤波后的二维德洛奈网格投影成三维网格，进而对数字高程模型进行估计。该配准算法生成的地图分辨率高，可以高效地对环境进行重建[29]。

针对在动态环境中遇到的 VSLAM 算法精度低等问题，魏彤等人[30]提出了一种基于动态区域剔除的 VSLAM 算法，该算法会在判断出环境动态特征点后，根据环境深度等信息进行区域分割，并标记出环境的动态区域，剔除动态区域的特征点，明显提高了系统在动态环境中的定位与建图精度。高成强等人[31]提出了一种基于半直接 SLAM 算法的稠密建图算法，该算法基于截断符号距离函数（Truncated Signed Distance Function，TSDF）稠密地图构建算法，融合了运动检测，它先利用稀疏图像对齐算法对位姿进行初步估计；然后对图像进行运动补偿，利用图像块实时更新的高斯模型判断并分割出运动物体，剔除动态区域内的特征点；最后根据系统输出的数据结果对地图进行实时更新，有效改进了动态环境中出现的问题。

针对工业场景要求，李月华等人[32]提出了一种改进的双目 VSLAM 算法。算法前端结合 SAD 匹配算法和抛物线拟合算法，得到亚像素级的匹配点对，并进行位姿估计。算法后端通过检测人工信标闭环信息对全局位姿进行优化，并提出了一种基于全局平面约束的优化算法，以减小 SLAM 系统的误差。

在 VSLAM 系统的基础上，国内研究人员在深度学习算法与 VSLAM 系统的结合和语义 SLAM 方面做了大量研究工作。Li 等人[33]先使用四线 Stereo-ORB-SLAM 系统构建了稠密三维点云图，再使用以 RGB-D 图像为输入的完全卷积神经网络结构获得了像素分割，最后融合几何信息和语义信息获得了语义地图。胡美玉等人[34]在 ORB-SLAM 系统的基础上结合一种基于 DeepLab 算法的图像语义分割技术在卷积神经网络结构中引入了上采样卷积层，同时为了控制不同的卷积操作，将关键帧的深度图像作为门控信号，并利用相邻关键帧间的空间对应关系对齐分割后的图像与深度图像构建稠密三维语义地图。李秀智等人[35]基于 VSLAM 技术，使用了一种轻量级的深度学习目标检测模型，同时基于 CUDA 技术修复相机获取了深度图像的缺陷，利用贝叶斯框架和场景语义信息等成功构建的环境语义地图可在复杂室内环境下运行。于金山等人[36]针对语义建图过程中的语义信息更新准确度低和扩展性不足等问题，设计了云端语义库；基于支持向量机进行了分类，构建了子语义库；并利用网络文本分类提取了特征点，构建了特征模型库，优化了云端物体的识别效率。

利用深度学习技术，还可以为动态环境中 VSLAM 系统遇到的问题提供解决方案。姚二亮等人[37]先利用 YOLOv3 获取了周边场景的语义信息并进行了动静态语义分割，然后基于图像中边缘的距离变换误差和光度误差的一致性评估、连通区域分析等算法对图像的动静态区域进行了细分和修正，并使用静态特征点进行了特征匹配。该算法通过非线性最优化后可以准确地区分环境中的动静态信息，构建静态地图。席志红等人[38]使用一种基于语义分割的 VSLAM 算法解决了动态障碍物影响位姿估计的问题，使用 PSPNet 提取了图像语义信息，剔除了动态特征点，使用静态特征点对相机进行了位姿估计，减小了动态场景下的误差，并建立了环境的语义点云和八叉树地图。为了提高 VSLAM 系统闭环检测的准确性，张括嘉等人[39]利用 YOLOv3，辅以 DBSCAN 算法修正错误和检测遗漏，构建了语义节点，计算了关键帧之间的相似度，判断了连续关键帧的相似度变化情况，进而实现了闭环检测。

1.3　本书研究内容

SLAM 是指机器人在构建未知地图的同时，相对地图进行自身定位的过程。对一个真正意义上的自主机器人来说，完成 SLAM 是一项基本任务。近年来，SLAM 一直是机器人学的主要研究课题之一。经典的 SLAM 算法只能设定几十个路标，如今先进的 SLAM 算法可以有效地设定数千个路标，并绘制数千米范围内的地图。尽管研究人员对于 SLAM 的研究已经取得了较多成果，但是大多数 SLAM 技术是被动的，机器人只能估计环境的模型，无法对其轨迹做出任何决策。因此，SLAM 的自主探索问题是值得人们研究的。

本书分为 12 章。第 1～4 章初步介绍并研究位姿 SLAM 算法和基于激光传感器的 SLAM 算法。第 5～7 章介绍位姿在位置空间中的路径规划、RRT*路径规划算法、主动式 SLAM。第 8 章介绍多机器人编队 SLAM 算法。第 9、10 章研究三维 VSLAM。第 11、12 章研究基于 VSLAM 的环境语义地图构建方法和基于行为识别的三维语义建图。本书主要介绍建图、路径规划和自主导航方面的研究内容。

本书采用位姿 SLAM 算法作为基本的状态估计机制。位姿 SLAM 算法是 SLAM 算法的一种改进算法，它只估计机器人的轨迹，而路标仅用于产生机器人位姿之间的相对约束。因此，由位姿 SLAM 算法构建的地图只包含机器人的轨迹。由于储存在地图中的位姿在最初构建地图时已经由机器人完成遍历，因此它们是不存在障碍的可通行点。由于位姿 SLAM 算法只保留必要的位姿和有较高关联度的信息，因此位姿信息的变化与周围环境无关。位姿 SLAM 算法作为一种降低计算成本和减小延迟滤波器不一致性的重要算法，为更大范围的建图提供了准确的位姿估计量。

除了上述提到的优点，位姿 SLAM 算法与基于特征点的 SLAM 算法的显著区别在于，其构建的地图可以直接用于路径规划。基于特征点的 SLAM 算法构建的地图不能直接用于路径规划的原因是，此类算法产生了一个稀疏的路标估计及其概率关系，这对寻找无碰撞的路径并进行导航几乎没有价值。虽然该地图中存在与障碍物相关的信息，但增加了路径规划的复杂性。相反，由位姿 SLAM 算法构建的地图是机器人已遍历区域内的无障碍物地图，因此该地图可以直接用于路径规划。

本书研究了一种在不确定性下进行路径规划的算法。该算法利用位姿 SLAM 算法在机器人姿态中建模的不确定性，来搜索姿态图中累积的机器人姿态不确定性最低的路径，即机器人能够在不迷路的情况下导航到达目标的路径。此外，针对动态不确定环境中的机器人路径规划问题，本书研究了一种随机模型预测控制（Model Predictive Control，MPC）算法。该算法将动态不确定环境中的机器人路径规划问题表述为在线、有限视距策略和不确定情况下的轨迹优化问题。通过将路径规划与控制紧密结合，实现动态环境中的路径规划和算法性能优化。

位姿 SLAM 算法的优势是与使用的传感器模态无关，因此有助于其在不同环境和机器人中的应用，同时，利用位姿 SLAM 算法得到的存储在地图中的路径避免了机器人控制器不容易建模的缺陷，如存在通行禁区或沿着某些路径通行的特权。

本书的路径规划算法适用于在最初的地图构建过程中需要引导机器人，而导航过程由机器人自主完成的场景。对于其他需要更多自主性的场景，机器人也能在没有任何监督的情况下探索环境。本书还将介绍针对位姿 SLAM 的自主探索算法作为路径规划算法的补充内容。

解决 SLAM 问题的一种简单方法是将经典环境探测方法与 SLAM 算法相结合。然而，经典环境探测方法忽略了定位产生的漂移和累积效应，并且该方法只注重减少不可见区域的数量，导致机器人积累的不确定性越来越多。因此，SLAM 问题的解决方法是机器人定时地重新访问已遍历区域，以提高地图构建的准确性。

本书提出了一种针对位姿 SLAM 的自主探测策略，通过选择适当的机器人，从零开始自主构建置信路径图，从而最大限度地提高遍历率，同时最小化定位和地图的不确定性，保证了遍历环境的栅格密度。该策略的显著优点是栅格仅用于假设候选路径的熵及计算所有辅助解，既不用于机器人的持续定位估计，也不用于持续的环境构建。该策略可评估两种类型的行为——探索性行为和重新访问行为。行动决策基于熵估计。在决策过程中，VSLAM 系统通过在运行时保持位姿 SLAM 估计，可以在检测到位姿 SLAM 估计出现明显变化时在线重新规划路径，以覆盖原来得到的熵估计值。

针对 VSLAM 中存在的由于 Kinect 摄像头视角范围有限及机器人运动造成的 Kinect 摄像头位姿的变化引起的多个视角的点云数据在同一个共享帧中无法匹配的问题，本书将 Kinect 摄像头姿态信息与来自多个视图的数据进行了融合，并提出了一种多层迭代最近点（Mutiple Iterative Closest Point，MICP）算法，该算法被用于构建三维地图。

为了更有效地获取语义信息，构建环境的语义地图，本书研究和实现了一种基于深度学习的 Mask RCNN 算法。本书通过研究 DynaSLAM 和 MaskFusion 算法，发现利用 Mask RCNN 算法可有效提取环境语义特征，并且可以标记动态障碍物、进而减轻其对建图过程产生的影响。本书基于 VSLAM 几何建图算法，结合 Mask RCNN 算法，提出了一种 OMASK-SLAM 算法，该算法将环境中的语义信息和几何信息相关联，来构建三维语义地图。

针对通过人的行为活动让机器人理解环境的问题，本书先提出一种三层动态贝叶斯网络（Dynamic Bayesian Network，DBN），并用该网络对人的位置、行为活动和手势之间的约束条件进行建模；然后利用一种贝叶斯滤波器和改进的维特比算法估计人的行为活动和手势；最后通过人的行为活动和手势确定室内家具类型，并将家具信息加入三维地图，从而实现室内三维语义地图的构建。

第 **2** 章

SLAM 前端算法

2.1 引言

本章将讨论 SLAM 前端算法的选择，SLAM 前端负责处理传感器信息以生成观测值，用于估计机器人的运动轨迹。人们可以根据任意两个机器人姿态之间的相对运动约束选择 SLAM 前端算法。当使用激光扫描环境信息时，通常使用迭代最近点（Iterative Closest Point，ICP）算法[40]来获得传感器的相对位置信息。当处理所处环境的三维图像时，人们可以通过视觉测距法来估计机器人的距离[41]。

假设利用一对固定在机器人上的立体标定相机获取其立体图像，迭代算法：先从四张图像中提取尺度不变特征变换（Scale-Invariant Feature Transform，SIFT）特征[42]，并将得到的特征进行匹配，匹配得到的点的对应关系用于最小二乘立体重建；然后利用连续两帧的三维特征进行匹配，计算最小二乘立体重建中的最小二乘最优拟合位姿变换，并通过 RANSAC 算法[43]剔除异常值。然而，这种算法容易出现误差。图像特征定位的误差会导致立体重建后三维特征点定位的误差，最终导致运动估计的误差。对这种误差进行建模，可以计算具有适当不确定度边界的运动估计。本章将介绍一种通过一阶误差传播计算相对姿态测量协方差矩阵的算法。

相机位姿约束将用于本书提出的 SLAM 算法中相对位姿的测量。当匹配连续姿态的立体图像时，相机位姿约束可视为相对位姿的全程测量；当计算最后一个姿态相对于前一个姿态的相对运动时，相机位姿约束可视为循环约束。

本章结构安排如下：2.2 节说明特征提取算法；2.3 节给出位姿估计步骤；2.4 节介绍一种用于相对运动测量的不确定度建模方法；2.5 节介绍利用一个真实数据集进行特征提取与匹配实验验证；2.6 节为本章小结。

2.2　特征提取

简单的基于相关性的特征提取算法，如 Harris 角点检查算法[44]，在经典的基于视觉的 SFM（Structure From Motion，运动构造）和 SLAM 中经常用到。通过这类算法提取的特征可以在相机位移较小的情况下对目标特征进行鲁棒跟踪，并可以对实时应用进行定制。然而，考虑到特征匹配对尺度的敏感性，该类算法在相机位移较大的情况下容易提取失败，更不用说对特征点进行闭环检测了。考虑到对于尺度和局部仿射不变性的要求，本章选择使用 SIFT 算法[45]。因为 SIFT 算法能从显著不同的特征中匹配视觉特征。

本章提出的算法是先提取特征并将其与以前的图像信息进行匹配，然后从这些匹配的特征中计算成像的三维场景点，具体实现过程如下。

将两个立体标定相机和一个针孔相机模型结合起来，以左侧相机为立体系统的参考，下式将三维场景点 $\boldsymbol{p}$ 与对应的点 $\boldsymbol{m} = [\boldsymbol{u}, \boldsymbol{v}]^{\mathrm{T}}$ 联系起来，点 $\boldsymbol{m}' = [\boldsymbol{u}', \boldsymbol{v}']^{\mathrm{T}}$ 在右侧相机的图像平面中。

$$\begin{bmatrix} \boldsymbol{m} \\ s \end{bmatrix} = \begin{bmatrix} \alpha_u & 0 & u_o & 0 \\ 0 & \alpha_v & v_o & 0 \\ 0 & 0 & 1 & 0 \end{bmatrix} \begin{bmatrix} \boldsymbol{I}_3 & 0 \\ \boldsymbol{0}_{1\times 3} & 1 \end{bmatrix} \begin{bmatrix} \boldsymbol{p} \\ 1 \end{bmatrix} \tag{2-1}$$

$$\begin{bmatrix} \boldsymbol{m}' \\ s' \end{bmatrix} = \begin{bmatrix} \alpha'_u & 0 & u'_o & 0 \\ 0 & \alpha'_v & v'_o & 0 \\ 0 & 0 & 1 & 0 \end{bmatrix} \begin{bmatrix} \hat{\boldsymbol{R}} & \hat{\boldsymbol{t}} \\ \boldsymbol{0}_{1\times 3} & 1 \end{bmatrix} \begin{bmatrix} \boldsymbol{p} \\ 1 \end{bmatrix} \tag{2-2}$$

式中，α_u 和 α_v 分别为左侧相机在 x 轴和 y 轴方向上的像素焦距；α'_u 和 α'_v 分别为左侧相机和右侧相机的图像中心；$\hat{\boldsymbol{R}}$ 为旋转矩阵；$\hat{\boldsymbol{t}}$ 为平移向量，$\hat{\boldsymbol{t}} = [t_x, t_y, t_z]^{\mathrm{T}}$。

式（2-1）和式（2-2）定义了以下公式：

$$\begin{bmatrix} (\boldsymbol{u}' - u'_o)\boldsymbol{r}_3^{\mathrm{T}} - \alpha'_u \boldsymbol{r}_1^{\mathrm{T}} \\ (\boldsymbol{v}' - v'_o)\boldsymbol{r}_3^{\mathrm{T}} - \alpha'_v \boldsymbol{r}_2^{\mathrm{T}} \\ -\alpha_u \quad 0 \quad \boldsymbol{u} - u_o \\ 0 \quad -\alpha_v \quad \boldsymbol{v} - v_o \end{bmatrix} \begin{bmatrix} x \\ y \\ z \end{bmatrix} = \begin{bmatrix} (u'_o - \boldsymbol{u}')t_z + \alpha'_u t_x \\ (v'_o - \boldsymbol{v}')t_z + \alpha'_v t_y \\ 0 \\ 0 \end{bmatrix}$$

$$\boldsymbol{A}\boldsymbol{p} = \boldsymbol{b} \tag{2-3}$$

式（2-2）中的 $\hat{\boldsymbol{R}}$ 由其行元素表示，即

$$\hat{\boldsymbol{R}} = \begin{bmatrix} \boldsymbol{r}_1^{\mathrm{T}} \\ \boldsymbol{r}_2^{\mathrm{T}} \\ \boldsymbol{r}_3^{\mathrm{T}} \end{bmatrix}$$

求解式（2-3）中的 $\boldsymbol{p}$，得到成像点 $\boldsymbol{m}$ 和 $\boldsymbol{m}'$ 的三维坐标。对立体图像中的每一对匹配特征执行此过程都会产生两个三维点或三维点云，即 $\left\{ \boldsymbol{p}_1^{(i)} \right\}$ 和 $\left\{ \boldsymbol{p}_2^{(i)} \right\}$。

2.3 位姿估计

本节提出了霍恩法和奇异值分解法两种方法来解决三维到三维的位姿估计问题。从两张立体图像中计算相机的相对运动的一般方法是找到旋转矩阵和平移向量，使求解式（2-3）中的 p 时产生的两个三维点云中的所有点二范数的平方最小，公式如下：

$$\left\{ \hat{\boldsymbol{R}}, \hat{\boldsymbol{t}} \right\} = \underset{\hat{\boldsymbol{R}}, \hat{\boldsymbol{t}}}{\operatorname{argmin}} \sum_{i=1}^{N} \left\| \boldsymbol{p}_1^{(i)} - \left(\hat{\boldsymbol{R}} \boldsymbol{p}_2^{(i)} + \hat{\boldsymbol{t}} \right) \right\|^2 \qquad (2\text{-}4)$$

式中，N 为每个云中的点数。

本节提出的这两种方法是使用 RANSAC 算法[46]剔除异常值的。在两张立体图像的三维信息的获取过程中，SIFT 特征匹配可能发生在运动场景中，如匹配的特征出现在树叶阴影处，或者出现在机器人前面的物体上。对应的三维匹配特征不能很好地拟合相机运动模型可能会给最小二乘法的位姿误差最小化带来很大偏差，而本节提出的方法的优点是可以保持最大数量的特征匹配，同时使残差的平方和最小化。两张立体图像中的 SIFT 特征匹配如图 2-1 所示。

图 2-1 两张立体图像中的 SIFT 特征匹配

此外，如果匹配特征的协方差矩阵可用，那么可以将协方差矩阵用于特征点与相机的距离，进而确定建模精度，如可以用两个点使用三角测量方法得到的协方差矩阵来加权式（2-4）中的不匹配特征。但是，这将使式（2-4）定义的优化问题进一步复杂化。相反，若选择已有的标准方法，如霍恩法，则可以解决上述问题。

2.3.1 霍恩法

旋转矩阵是通过最小化两个机器人姿态特征匹配的旋转方向向量之间的平方误差之和来计算的[47]。旋转方向向量 $\boldsymbol{v}$ 为沿成像的三维场景点 $\boldsymbol{p}$ 的单位范数，并且指示该点的方向，即

$$v_1^{(i)} = \frac{p_1^{(i)}}{\| p_1^{(i)} \|} \tag{2-5}$$

$$v_2^{(i)} = \frac{p_2^{(i)}}{\| p_2^{(i)} \|} \tag{2-6}$$

式中，$v_1^{(i)}$ 和 $v_2^{(i)}$ 分别为第一个三维点云和第二个三维点云上第 i 个点的旋转方向向量。

该最小化问题的解给出了一个三维点云相对于另一个三维点云的方向估计，其公式用四元数形式表示为

$$\frac{\partial}{\partial \boldsymbol{R}} \left(\boldsymbol{q}^{\mathrm{T}} \boldsymbol{B} \boldsymbol{q} \right) = 0 \tag{2-7}$$

式中

$$\boldsymbol{B} = \sum_{i=1}^{N} \boldsymbol{B}_i \boldsymbol{B}_i^{\mathrm{T}} \tag{2-8}$$

$$\boldsymbol{B}_i = \begin{bmatrix} 0 & -c_x^{(i)} & -c_y^{(i)} & -c_z^{(i)} \\ c_x^{(i)} & 0 & b_z^{(i)} & -b_y^{(i)} \\ c_y^{(i)} & -b_z^{(i)} & 0 & b_x^{(i)} \\ c_z^{(i)} & b_y^{(i)} & -b_x^{(i)} & 0 \end{bmatrix} \tag{2-9}$$

$$\boldsymbol{b}^{(i)} = v_2^{(i)} + v_1^{(i)}, \quad \boldsymbol{c}^{(i)} = v_2^{(i)} - v_1^{(i)} \tag{2-10}$$

在式（2-7）中，导数算子的辐角最小化的四元数 $\boldsymbol{q}$ 是矩阵 $\boldsymbol{B}$ 的最小特征向量。

如果用 $(q_1, q_2, q_3, q_4)^{\mathrm{T}}$ 来表示矩阵 $\boldsymbol{B}$ 的最小特征向量，那么与旋转变换相关的角 θ 为

$$\theta = 2\arccos q_4 \tag{2-11}$$

旋转轴为

$$\hat{a} = \frac{(q_1, q_2, q_3)^{\mathrm{T}}}{\sin(\theta / 2)} \tag{2-12}$$

由此可以看出，旋转矩阵 $\hat{\boldsymbol{R}}$ 的元素与 $\hat{a}$ 和 θ 有关，即

$$\hat{\boldsymbol{R}} = \begin{bmatrix} a_x^2 + \left(1 - a_x^2\right)c_\theta & a_x a_y c_\theta' - a_z s_\theta & a_x a_y c_\theta' + a_y s_\theta \\ a_x a_y c_\theta' + a_z s_\theta & a_y^2 + \left(1 - a_y^2\right)c_\theta & a_y a_z c_\theta' - a_x s_\theta \\ a_x a_z c_\theta' - a_y s_\theta & a_y a_z c_\theta' + a_x s_\theta & a_z^2 + \left(1 - a_z^2\right)c_\theta \end{bmatrix} \tag{2-13}$$

式中，$s_\theta = \sin\theta$；$c_\theta = \cos\theta$；$c_\theta' = 1 - \cos\theta$。

在计算出旋转矩阵 $\hat{\boldsymbol{R}}$ 后，可以使用匹配点集来计算平移向量 $\hat{\boldsymbol{t}}$，即

$$\hat{\boldsymbol{t}} = \frac{1}{N} \left\{ \sum_{i=1}^{N} p_1^{(i)} - \hat{\boldsymbol{R}} \sum_{i=1}^{N} p_2^{(i)} \right\} \tag{2-14}$$

2.3.2　奇异值分解法

奇异值分解法的思想是，在式（2-4）的最小二乘解中，两个三维点云具有相同的质心[48]，因此解耦了位姿估计问题的平移向量和旋转矩阵。

首先通过减少原始最小二乘数值找到最小化的旋转方向向量来计算旋转矩阵，即

$$\sum_{i=1}^{N}\left\|\overline{\boldsymbol{p}}_1^{(i)} - \left(\hat{\boldsymbol{R}}\overline{\boldsymbol{p}}_2^{(i)}\right)\right\|^2 \tag{2-15}$$

式中

$$\overline{\boldsymbol{p}}_1^{(i)} = \boldsymbol{p}_1^{(i)} - \boldsymbol{c}_1 \tag{2-16}$$

$$\overline{\boldsymbol{p}}_2^{(i)} = \boldsymbol{p}_2^{(i)} - \boldsymbol{c}_2 \tag{2-17}$$

式（2-16）和式（2-17）表示两个三维点云上的第 i 个点转化为相应的中心点，$\boldsymbol{c}_1$ 和 $\boldsymbol{c}_2$ 分别为第一个三维点云和第二个三维点云的中心点。

为了使式（2-15）最小化，定义 3×3 矩阵 $\boldsymbol{M}$，即

$$\boldsymbol{M} = \sum_{i=0}^{N}\overline{\boldsymbol{p}}_1^{(i)}\overline{\boldsymbol{p}}_2^{(i)\mathrm{T}} \tag{2-18}$$

其奇异值分解为

$$\boldsymbol{M} = \boldsymbol{U}\sum\boldsymbol{V}^{\mathrm{T}} \tag{2-19}$$

故式（2-15）中的旋转矩阵，可得

$$\hat{\boldsymbol{R}} = \boldsymbol{U}\boldsymbol{V}^{\mathrm{T}} \tag{2-20}$$

平移向量由下式算得

$$\hat{\boldsymbol{t}} = \boldsymbol{c}_1 - \hat{\boldsymbol{R}}\boldsymbol{c}_2 \tag{2-21}$$

2.4　误差传播

本节提出了一种用于相对运动测量的不确定度建模方法。该方法利用 SLAM 前端算法进行计算，将每个匹配特征的噪声沿着视觉里程计传播，最终得到相对位姿协方差矩阵估计。

对于输入 x，给定一个连续可微函数 $y = f(x)$ 和协方差矩阵 $\boldsymbol{\Sigma}_x$，将 $f(x)$ 围绕期望值 x 线性化，通过一阶泰勒级数展开可以得到输出 y 的协方差矩阵 $\boldsymbol{\Sigma}_y$。因此，一阶误差传播协方差矩阵 $\boldsymbol{\Sigma}_y$ 可表示为

$$\boldsymbol{\Sigma}_y = \nabla_f \boldsymbol{\Sigma}_x \nabla_f^{\mathrm{T}}$$

式中，∇_f 为函数 f 的雅可比矩阵。

有时虽然无法得出 $y = f(x)$ 的表达式，但是可以通过隐函数定理计算 $f(x)$ 的雅可比矩阵，计算过程如下。

隐函数定理可以表述如下[49]。

假设 $S \subset \mathbf{R}^n \times \mathbf{R}^m$ 为一个开集并且 $\Phi : S \to \mathbf{R}^m$ 是一个可微函数。如果令 $(x_0, y_0) \in S$，那么 $\Phi(x_0, y_0) = 0$，并且 $\left| \dfrac{\partial \Phi}{\partial y} \right|_{(x_0, y_0)} \neq 0$。由关于 x_0 的一个定义域 $X \subset \mathbf{R}^n$、关于 y_0 的定义域 $Y \subset \mathbf{R}^m$ 及唯一可微函数 $f : X \to Y$，可得

$$\Phi(x, f(x)) = 0$$

对于所有的 $x \in X$，由隐函数定理可知，$y = f(x)$ 的隐式定义为 $\Phi(x_0, y_0) = 0$。若考虑 Φ 关于 x 的函数关系，则有

$$\frac{\partial \Phi}{\partial x} + \frac{\partial \Phi}{\partial f} \frac{\mathrm{d}f}{\mathrm{d}x} = 0$$

从上式可得，即使没有明确的表达式，若已知 Φ，则可以计算函数 f 相对于 x 的导数，即

$$\frac{\mathrm{d}f}{\mathrm{d}x} = -\left(\frac{\partial \Phi}{\partial y} \right)^{-1} \frac{\partial \Phi}{\partial x} \tag{2-22}$$

如果 $y = y^*$ 是成本函数 $C(x, y)$ 的最小值，那么在该成本函数的最小值下，$\dfrac{\partial C(x, y^*)}{\partial y} = 0$，并且 $\Phi = \dfrac{\partial C}{\partial y}$。

因此，根据隐函数定理可得，在 y^* 的邻域中，f 的雅可比矩阵可以表示为

$$\nabla f = -\left(\frac{\partial^2 C}{\partial y^2} \right)^{-1} \frac{\partial^2 C}{\partial y \partial x} \tag{2-23}$$

这就是函数 f 包含在无约束成本函数下的情况，否则，确定 Φ 需采用其他方法。

对于刚刚描述的视觉里程计，误差传播分两步进行。第一步，每个匹配特征的协方差矩阵通过最小二乘立体重建过程传播，最终得到对应三维场景点的协方差矩阵估计。第二步，对齐后的两个点云中每个三维点的协方差矩阵通过姿态估计过程传播，最终得到相对姿态测量协方差矩阵。

一阶误差传播需要在第一步将匹配特征转换为三维点云函数的导数，在最后一步将三维点云转换为姿态。本节无法给出每个步骤的显函数，但提供了每个最小化过程的隐函数。

2.4.1 匹配点误差传播

给定的观测协方差矩阵 $\boldsymbol{\Sigma}_m$ 由左图像匹配特征 $\boldsymbol{m} = [\boldsymbol{u}, \boldsymbol{v}]^{\mathrm{T}}$ 来表示，协方差矩阵 $\boldsymbol{\Sigma}_{m'}$ 由

右图像匹配特征 $m' = [u', v']^T$ 来表示，据此可以计算协方差矩阵 Σ_p 和三维场景点 $p = [x, y, z]^T$。如果使用 SIFT 算法，那么每个特征计算出的尺度信息可以用作其协方差矩阵的估计。

为了得到 Σ_p，需要获得不相关匹配特征协方差矩阵的一阶传播误差，相应表达式为

$$\Sigma_p = \nabla_g \begin{bmatrix} \Sigma_m & \mathbf{0}_{2\times2} \\ \mathbf{0}_{2\times2} & \Sigma_{m'} \end{bmatrix} \nabla g^T \tag{2-24}$$

式中，∇g 为显函数 g 的雅可比矩阵，该函数将一对匹配特征 $u = [u, v, u', v']^T$ 映射成三维场景点 p，即 $p = g(u)$。

通过求解式（2-3）可得到三维场景点，为了应用隐函数定理，需要将求解式（2-3）的过程描述为优化问题，得到的三维场景点 p 可以看作式（2-3）的最小二范数的平方，即

$$C(u, p) = \|Ap - b\|^2 \tag{2-25}$$

假设 A 是可逆的，计算式（2-25）相对于 p 的梯度，并将其设为 $\mathbf{0}$，可以得出

$$p^* = (A^T A)^{-1} A^T b \tag{2-26}$$

在定义了式（2-25）后，根据隐函数定理可得 g 的雅可比矩阵，即

$$\nabla g = -\left(\frac{\partial^2 C}{\partial p^2}\right)^{-1} \left(\frac{\partial^2 C}{\partial p \partial m}\right)^T \tag{2-27}$$

2.4.2 点云误差传播

在给定两个点云中的每个三维点协方差矩阵的情况下，计算表示相机相对运动的相对姿态约束 d 的协方差矩阵 Σ_d。这里同样通过一阶误差传播来计算这个协方差矩阵，并需要计算映射点 $p = \{p_1^{(i)}, p_2^{(i)}\}$ 在两个点云上的相对姿态约束 d，以表示两个点云帧之间的相对运动，即 $d = h(p)$。

如果用欧拉角表示相对姿态约束 d 的方向，那么式（2-4）可以描述为

$$C(p, d) = \sum_{i=0}^{N} \left\| p_1^{(i)} - \left(\mathbf{rot}(\Phi_d, \theta_d, \psi_d) p_2^{(i)} + \begin{bmatrix} x_d \\ y_d \\ z_d \end{bmatrix} \right) \right\|^2 \tag{2-28}$$

式中，$d = [x_d, y_d, z_d, \Phi_d, \theta_d, \psi_d]^T$；$\mathbf{rot}(\Phi_d, \theta_d, \psi_d)$ 为由欧拉角定义的旋转矩阵，即点云大小。

根据隐函数定理，可得 $\boldsymbol{d} = \boldsymbol{h}(\boldsymbol{P})$ 的雅可比式为

$$\nabla \boldsymbol{h} = -\left(\frac{\partial^2 C}{\partial \boldsymbol{d}^2}\right)^{-1}\left(\frac{\partial^2 C}{\partial \boldsymbol{d} \partial \boldsymbol{P}}\right)^{\mathrm{T}} \tag{2-29}$$

协方差矩阵 $\boldsymbol{\Sigma}_d$ 的相对姿态约束 $\boldsymbol{d}$ 可表示为

$$\boldsymbol{\Sigma}_d = \nabla \boldsymbol{h} \boldsymbol{\Sigma}_p \nabla \boldsymbol{h}^{\mathrm{T}} \tag{2-30}$$

式中，$\boldsymbol{\Sigma}_p$ 为两个点云的协方差矩阵，即

$$\boldsymbol{\Sigma}_p = \mathrm{diag}\left(\boldsymbol{\Sigma}_{p_1}^{(1)}, \boldsymbol{\Sigma}_{p_2}^{(2)}, \cdots, \boldsymbol{\Sigma}_{p_1}^{(N)}, \boldsymbol{\Sigma}_{p_2}^{(1)}, \boldsymbol{\Sigma}_{p_2}^{(2)}, \cdots, \boldsymbol{\Sigma}_{p_2}^{(N)}\right) \tag{2-31}$$

式中，$\boldsymbol{\Sigma}_{p_1}^{(i)}$ 和 $\boldsymbol{\Sigma}_{p_2}^{(i)}$ 分别为第一个点云和第二个点云的第 i 个点的协方差矩阵。

也可利用优化方法来获得姿态估计中的不确定性[50]。本节选择使用隐函数定理来获得姿态估计中的不确定性，这是因为这种方法可以产生闭合形式的表达式。

2.4.3 误差传播试验

本节将使用实际数据评估误差传播产生的协方差矩阵是否与蒙特卡洛运算结果一致。

计算每个蒙特卡洛运算结果归一化状态的估计误差平方值，即

$$\epsilon_i = \left[\boldsymbol{s}_i - \boldsymbol{\mu}\right]^{\mathrm{T}} \boldsymbol{\Sigma}^{-1}\left[\boldsymbol{s}_i - \boldsymbol{\mu}\right] \tag{2-32}$$

并取误差平方值的平均值，表达式为

$$\bar{\epsilon} = \frac{1}{N}\sum_{i=0}^{N}\epsilon_i \tag{2-33}$$

式中，$\boldsymbol{s}_i$ 为蒙特卡洛运算结果；$\boldsymbol{\Sigma}$（通过误差传播 $\boldsymbol{\mu}$ 获得的协方差矩阵）为式（2-24）（匹配点误差传播）或式（2-31）（点云误差传播）的解。

如果误差传播产生的协方差矩阵与蒙特卡洛运算结果一致，那么 $N\bar{\epsilon}$ 将具有 Nn_x 自由度的卡方密度或 $\chi^2_{Nn_x}$。其中，n_x 为 $\boldsymbol{s}_i$ 的维数；χ^2_N 为 n 个自由度的卡方分布。利用卡方检验可验证这一点。$N\bar{\epsilon}$ 双边 95% 概率区域由区间 $[l_1, l_2]$ 定义，如果

$$N\bar{\epsilon} \in [l_1, l_2] \tag{2-34}$$

就证实了误差传播产生的协方差矩阵与蒙特卡洛运算结果一致。

2.5 实验与分析

本节将使用真实数据集对本章提出的算法进行实验验证。在室外环境中的立体标定相机的立体图像的数据集中提取五对图像。在立体标定相机系统中，以左侧相机为参考坐标系，校准结果由平移向量给出，该平移向量由右侧相机相对于左侧相机的相对姿态决定。

从提取的图像中可计算出立体标定相机之间的相对运动，并将每个匹配特征的不确定性传播到整个视觉里程的测量过程中。本次实验的协方差值近似于 SIFT 特征所在尺度。连续立体图像对中的 SIFT 特征匹配如图 2-2 所示。该实验验证了使用闭合形式的表达式计算立体标定相机获得的相对位姿测量协方差矩阵的一致性。

（a）t 时刻

（b）$t+1$ 时刻

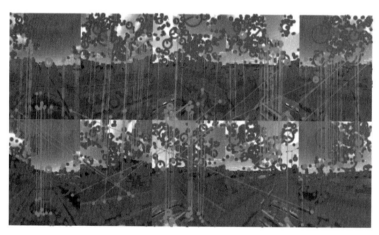

（c）SIFT 特征匹配

图 2-2 连续立体图像对中的 SIFT 特征匹配

然而，在一些机器人应用中，无论机器人运动类型如何，都需要解析表达式以计算相对位姿测量协方差矩阵。虽然 SLAM 后端算法已经有了较大进步，但是地图构建过程中 SLAM 前端算法的瓶颈仍然存在。数据关联策略通常需要多次计算相对位姿，因此解析算法比迭代算法更有效。

2.6　本章小结

到目前为止，SLAM 算法发展越来越快，且该算法在速度和准确性方面可以准确计算位姿的估计值。但是，仅靠该算法并不能解决所有 SLAM 问题，仍然需要用 SLAM 前端算法来构建地图。当然，仅仅依靠 SLAM 前端算法无法始终保证建图的准确性。例如，数据关联策略可能会失败，从而导致位姿估计不一致。因此，人们需要进一步研究 SLAM 后端算法。

第 **3** 章

SLAM 后端算法

3.1 引言

SLAM 问题通常被认为是一个感知和运动不确定性耦合的状态估计问题。基于扩展卡尔曼滤波器（Extended Kalman Filter，EKF）实现的概率 SLAM 算法称为 EKF-SLAM 算法。该算法可以对机器人的位姿和环境地标的位置进行实时估计，具有允许识别耦合状态估计问题的基本属性[51]。然而，由于 EKF-SLAM 算法存在线性化和可扩展性的问题，因此它在算法精度方面还存在缺陷。

提高位姿估计准确性的方法是使用基于信息的表示方法[52]。在估计最后一个机器人的位姿和特征时，得到的信息矩阵是近似稀疏的，对于距离较远的地标，矩阵项很小[53]。精确的稀疏信息矩阵可以通过估计机器人的所有位姿和地图来获得，这种方法通常被称为全局 SLAM[54]。更精确的稀疏信息矩阵也可以仅通过估计机器人位姿来实现[55]，但是仅估计机器人的所有位姿也存在一些缺点。例如，估计机器人的所有位姿会使其状态独立于环境的大小而增长；通过添加所有可能的关联会降低信息矩阵的稀疏性。又如，在使用线性化方法时，每个新的数据关联引入的线性度误差累积会产生过度估计，从而导致滤波器不一致[56]。位姿 SLAM 算法给出了这些问题的根本解决方案。

位姿 SLAM 算法是 SLAM 算法的一个分支[57-58]。该算法仅使用基于信息的表示方法估计机器人路径。由于该算法只保留非冗余的位姿和高度信息化的数据关联，因此使用该算法可以构建更紧凑的地图，从而显著降低计算成本并降低过滤器的不一致性，保持构建更大范围地图时的估计质量。

本章将位姿 SLAM 算法作为基本的状态估计机制展开研究。本章结构安排如下：3.2 节介绍位姿 SLAM 算法的预备知识，并介绍数据关联和地图管理的过程；3.3 节介绍六自由度位姿 SLAM 算法；3.4 节介绍遍历性地图的构建；3.5 节介绍位姿 SLAM 建图；3.6 节是本章小结。本章之前的内容都与传感器无关，即不假定使用任何特定的传感器类型，而 3.5 节的内容将会有所不同。3.5 节介绍的是使用立体图像的二维位姿 SLAM 算法和扩展到自由度位姿 SLAM 算法的具体建图结果，以及使用三维激光测距仪构建三维遍历地图，该地图被用于实现室外环境中机器人的自动导航。

3.2　位姿 SLAM 算法的预备知识

位姿 SLAM 算法的目的是计算机器人路径 $X_k = [x_0^T, x_1^T, \cdots, x_k^T]^T$，其通过给定已有的观测值 Z_k 和运动命令 U_k、每个状态向量 x_i 找出相对应的第 i 个机器人位姿计算机器人路径。机器人路径 X_k 符合标准高斯分布，即

$$p(X_k | Z_k, U_k) = N(X_k; \mu_k, \Sigma_k) = N^{-1}(X_k; \eta_k, \Lambda_k) \tag{3-1}$$

$$\Lambda_k = \Sigma_k^{-1}, \quad \eta_k = \Sigma_k^{-1}\mu_k \tag{3-2}$$

式中，μ_k 为平均状态向量；Σ_k 为协方差矩阵；Λ_k 和 η_k 分别为信息矩阵和信息向量。

位姿 SLAM 算法[59]以在线形式通过在每次迭代中执行状态增强和状态更新操作，并用增量法进行位姿估计。以下内容将介绍这些操作及数据关联的过程。

3.2.1　状态增强

状态增强操作会扩充状态向量以包含一个新的位姿。也就是说，给定零时刻到 $k-1$ 时刻的机器人路径 X_{k-1} 及所有观测值 Z_{k-1} 和运动命令 U_{k-1}，相对位移 u_k 利用新的位姿 x_k 来改变机器人路径，获得机器人路径 $X_k = [X_{k-1}^T, X_k^T]^T$ 的分布 $p(x_{k-1}, x_k | Z_{k-1}, U_k)$，使用 U_k 控制输入集，直到运行到时间 k 为止。根据马尔可夫假设，后验概率可以分解为

$$p(x_{k-1}, x_k | Z_{k-1}, U_k) = p(x_k | x_{k-1}, u_k) p(x_{k-1} | Z_{k-1}, U_{k-1}) \tag{3-3}$$

后验概率包含 $p(x_k | x_{k-1}, u_k)$ 的概率状态转移模型和 $p(x_{k-1} | Z_{k-1}, U_{k-1})$ 的先验概率。

在位姿 SLAM 算法中，概率状态转移模型是由相对位移 u_k 与先前的位姿 x_{k-1} 组合产生的，即

$$\begin{aligned} x_k &= f(x_{k-1}, u_k) + w_k \\ &\approx f(\mu_{k-1}, \mu_u) + F_k(x_{k-1} - \mu_{k-1}) + w_k \end{aligned} \tag{3-4}$$

式中，$f(x_{k-1}, u_k) = x_{k-1} \oplus u_k$，如文献[16]中所述，$\oplus$ 运算符用于将相对位移 u_k 加到位姿 x_{k-1} 上；F_k 为 f 相对于位姿 x_{k-1} 的雅可比矩阵，以平均状态向量 μ_{k-1} 评估；$w_k = N(0, \Sigma_u)$，为高斯白噪声。

根据式（3-4）可得，信息形式的增强状态分布为

$$\bar{\eta}_k = \begin{bmatrix} \eta_{1:k-2} \\ \eta_{k-1} - F_k^T \Sigma_u^{-1}(f(\mu_{k-1}, u_k) - F_k \mu_{k-1}) \\ \Sigma_u^{-1}(f(\mu_{k-1}, u_k) - F_k \mu_{k-1}) \end{bmatrix} \tag{3-5}$$

和

$$
\overline{\boldsymbol{\varLambda}}_k = \begin{bmatrix} \boldsymbol{\varLambda}_{1:k-2,1:k-2} & \boldsymbol{\varLambda}_{1:k-2,k-1} & 0 \\ \boldsymbol{\varLambda}_{k-1,1:k-2} & \boldsymbol{\varLambda}_{k-1,k-1} + \boldsymbol{F}_k^{\mathrm{T}} \boldsymbol{\varSigma}_u^{-1} \boldsymbol{F}_k & -\boldsymbol{F}_k^{\mathrm{T}} \boldsymbol{\varSigma}_u^{-1} \\ 0 & -\boldsymbol{\varSigma}_u^{-1} \boldsymbol{F}_k & \boldsymbol{\varSigma}_u^{-1} \end{bmatrix} \tag{3-6}
$$

式中，$\boldsymbol{\eta}_{k-1}$ 和 $\boldsymbol{\varLambda}_{k-1,k-1}$ 表示第 $k-1$ 个位姿，$\boldsymbol{\eta}_{1:k-2}$ 和 $\boldsymbol{\varLambda}_{1:k-2,1:k-2}$ 表示从第 1 个到第 $k-2$ 个位姿[60]的集合。

信息形式的状态增强仅在新的机器人位姿 $\boldsymbol{x}_k$ 和先前的机器人位姿 $\boldsymbol{x}_{k-1}$ 之间引入共享信息，从而形成具有三对角块结构的信息矩阵。如果状态平均值可用，那么可以在恒定时间内执行此操作。

3.2.2 状态更新

位姿 SLAM 算法中的传感器观测值是关于当前机器人位姿相对于路径估计中保留的任何先前位姿间的相对变化观察结果。因此，需要在非连续位姿间引入共享信息。相对位姿约束的测量模型为

$$
\begin{aligned}
\boldsymbol{Z}_{ki} &= \boldsymbol{h}(\boldsymbol{x}_k, \boldsymbol{x}_i) + \boldsymbol{v}_k \\
&\approx \boldsymbol{h}(\boldsymbol{\mu}_k, \boldsymbol{\mu}_i) + \boldsymbol{H}(\boldsymbol{x}_k - \boldsymbol{\mu}_k) + \boldsymbol{v}_k
\end{aligned} \tag{3-7}
$$

式中，$\boldsymbol{h}(\boldsymbol{x}_k, \boldsymbol{x}_i) = \ominus \boldsymbol{x}_k \oplus \boldsymbol{x}_i$，是定义的末端到末端的运算，用于计算 $\boldsymbol{x}_k$ 坐标系中位姿 $\boldsymbol{x}_k$ 到位姿 $\boldsymbol{x}_i$ 的相对运动。对于测量白噪声 $\boldsymbol{v}_k = N(0, \boldsymbol{\varSigma}_Z)$，式（3-7）是一阶线性化形式，有

$$
\boldsymbol{H} = \begin{bmatrix} 0 & \cdots & 0 & \boldsymbol{H}_i & 0 & \cdots & 0 & \boldsymbol{H}_k \end{bmatrix} \tag{3-8}
$$

这是 $\boldsymbol{h}(\boldsymbol{x}_k, \boldsymbol{x}_i)$ 的雅可比式。式中，$\boldsymbol{H}_i$ 和 $\boldsymbol{H}_k$ 分别为 $\boldsymbol{h}$ 对于 $\boldsymbol{x}_i$ 和 $\boldsymbol{x}_k$ 的雅可比式。

定义了相对位姿约束的测量模型后，状态由扩展信息过滤器（Extended Information Filter，EIF）更新表达式以新的 $\boldsymbol{Z}_{ki}$ 更新，该表达式分别将以下增量添加到 $\overline{\boldsymbol{\eta}}_k$ 和 $\overline{\boldsymbol{\varLambda}}_k$ 中，即

$$
\Delta \boldsymbol{\eta} = \boldsymbol{H}^{\mathrm{T}} \boldsymbol{\varSigma}_Z^{-1} \left(\boldsymbol{Z}_{ki} - \boldsymbol{h}(\boldsymbol{\mu}_k, \boldsymbol{\mu}_i) + \boldsymbol{H}\boldsymbol{\mu}_k \right) \tag{3-9}
$$

$$
\Delta \boldsymbol{\varLambda} = \boldsymbol{H}^{\mathrm{T}} \boldsymbol{\varSigma}_Z^{-1} \boldsymbol{H} \tag{3-10}
$$

即

$$
\boldsymbol{\eta}_k = \overline{\boldsymbol{\eta}}_k + \Delta \boldsymbol{\eta}
$$

类似地，有

$$
\boldsymbol{\varLambda}_k = \overline{\boldsymbol{\varLambda}}_k + \Delta \boldsymbol{\varLambda} \tag{3-11}
$$

当建立以上关联时，状态更新仅修改信息矩阵 $\boldsymbol{\varLambda}$ 的对角线块 i 和 k，并且在位姿 $\boldsymbol{x}_k$ 和位姿 $\boldsymbol{x}_i$ 处引入新的非对角线块。假设状态可用，状态更新将在恒定时间内执行。这些关联可强制执行图连接性或 SLAM 闭环，并修改所有路径状态估计值，从而降低总体不确定性。

3.2.3　数据关联

在位姿 SLAM 算法的前后关联中，数据关联是指环路闭合检测过程。此过程可以分为两个阶段：第一个阶段是检测产生闭环情况的可能性；第二个阶段是根据传感器数据证明闭合回路的存在。由于传感器配准是一个复杂的过程，因此在对齐传感器数据之前先假设候选关联足够有用。

本节介绍了用于位姿 SLAM 算法应用的两种不同的数据关联方法，这两种方法利用过滤器信息将位姿匹配的搜索目标减少为少数几个相邻位姿。这两种方法独立工作，它们代表了解决位姿 SLAM 中数据关联问题的两种不同方式，并且可以直接应用于其他基于位姿的 SLAM 技术。一致性估计的数据关联与独立于过滤器估计的数据关联（直接在传感器数据库中搜索特征匹配）不同，但它们在感知混叠方面更为有效且受到的影响较小。

第一种方法[61]假设候选者闭环位姿集是彼此独立的，通过测量与马氏距离的接近度和计算巴氏距离来选择信息量最大的候选位姿。第二种方法[62]不需要假设位姿之间是相互独立的，并且候选位姿集由彼此接近的可能性较高的位姿组成，最终候选位姿集是根据它们的信息内容来选择的，并用互有信息增益来衡量，考虑了候选关联信息增益对整个状态的影响。若这两种方法计算出的位姿估计值一致，则该值受感知混叠的影响较小；若这两种方法计算出的位姿估计值不一致，则可以用基于观测的方法来补充数据关联过程。

1. 位姿之间信息内容的独立度量

将当前位姿估计值与先前位姿估计值进行比较可以知道机器人先前是否到达过当前位姿估计值表示的位姿。计算从先前位姿估计值到所有先前到达过的位姿的马氏距离，即对于所有 $0 < i < k$ ，有

$$d_{\mathrm{M}}^2 = (\boldsymbol{\mu}_k - \boldsymbol{\mu}_i)^{\mathrm{T}} \left(\frac{\boldsymbol{\Sigma}_{kk} + \boldsymbol{\Sigma}_{ii}}{2} \right)^{-1} (\boldsymbol{\mu}_k - \boldsymbol{\mu}_i) \tag{3-12}$$

式中，$\boldsymbol{\Sigma}_{kk}$ 和 $\boldsymbol{\Sigma}_{ii}$ 为位姿 k 和位姿 i 的边缘协方差矩阵，其状态分别为 $\boldsymbol{\mu}_k$ 和 $\boldsymbol{\mu}_i$。

要精确地计算 $\boldsymbol{\Sigma}_{kk}$ 和 $\boldsymbol{\Sigma}_{ii}$ 需要计算 $\overline{\boldsymbol{\Lambda}}_k$ 的逆，$\overline{\boldsymbol{\Lambda}}_k$ 的逆可以使用梯度共轭法在线性的时间内算出。边缘协方差矩阵可以在恒定时间内利用其马尔可夫毯进行有效近似。注意，式（3-12）没有考虑马氏度量中位姿之间的互相关。不是使用每个位姿计算单独的马尔可夫毯，而是使用组合的马尔可夫毯进行统一计算。

平均协方差矩阵可用于测试先前位姿适应估计不确定性的变化水平。在高斯分布的情况下，马氏距离遵循具有 $n-1$ 个自由度的卡方分布，其中 n 为机器人位姿的维数。机器人执行循环路径如图 3-1 所示。

在添加与循环相关的信息之前，必须确认匹配假设。可以将路径的总体不确定性从较大的超椭球体更改为较小的超椭球体。如果使用常规统计工具（如马氏测试）进行测试，那么应验证所有可能的数据连接。通过基于信息内容的测试，应验证外围指示的连接。循环停止需要向稀疏信息矩阵中添加一些非零的非对角线元素。

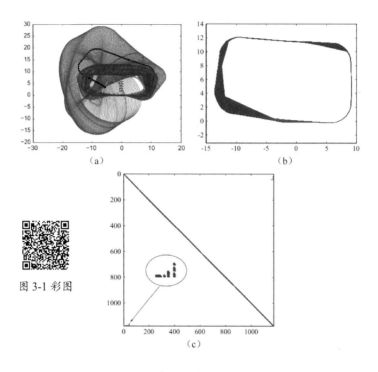

图 3-1 彩图

图 3-1　机器人执行循环路径

在 SLAM 运行开始且协方差矩阵很小时，只有非常接近位姿的连接才能满足测试要求，图 3-1（b）中许多附近的位姿都满足此条件。但是，随着误差的累积，协方差矩阵会越来越大，覆盖匹配候选对象的区域也会越来越大。

受线性化影响，所有可能的匹配添加信息链都会产生过度的估计，这会导致过滤器不一致。当协方差矩阵较大的位姿与不确定性较小的位姿连接时，就会出现这种情况。因此，更新操作必须通过 2 次测试。第二次测试的目的是允许仅使用信息量高的连接进行更新。

$$d_{\mathrm{B}} = \frac{1}{2} \ln \frac{\left| \dfrac{\boldsymbol{\Sigma}_{kk} + \boldsymbol{\Sigma}_{ii}}{2} \right|}{\sqrt{\left| \boldsymbol{\Sigma}_{kk} \right| \left| \boldsymbol{\Sigma}_{ii} \right|}} \tag{3-13}$$

式（3-13）是巴氏距离的第二项，以协方差矩阵来衡量位姿的可分离性。该测试通常通过均值是否接近进行区分，而不是通过协方差矩阵类别是否不同进行区分。假定随着协方差矩阵 $\boldsymbol{\Sigma}_{kk}$ 和 $\boldsymbol{\Sigma}_{ii}$ 的不同，d_{B} 的值将增加。巴氏协方差矩阵的可分离性度量是对称的，需要测试当前位姿协方差矩阵是否大于与之比较的第 i 个位姿。这是通过比较每个位姿估计值的不确定性区域，并与 $\boldsymbol{\Sigma}_{kk}$ 和 $\boldsymbol{\Sigma}_{ii}$ 的决定因素进行比较来完成的。其目的是使用信息关联来更新总体位姿估计值，该信息关联具有比当前状态小的不确定性。图 3-1（b）显示了第二次测试后的其余信息关联。

在数据关联的第二阶段，需要验证是否存在回路闭合情况，以更新所有位姿估计值并降低路径的总体不确定性。当可以建立传感器配准时，计算出的位姿约束可用于信息过滤器的下一步更新，如式（3-11）和式（3-12）所示。通过在信息矩阵中添加一定数量的非零非对角线元素，信息的下一步更新会更改先前的所有位姿，如图 3-1（c）所示。在测试闭环时，可以通过降低传感器配准的置信度来控制这种稀疏性。

2. 位姿之间信息内容的联合度量

位姿之间信息内容的联合度量需要先根据相对于最后一个机器人位姿的距离选择闭环位姿。这是通过计算机器人从位姿 x_k 到位姿 x_i 中任何其他先前位姿的置信空间 d 中的相对位移完成的，可以将其估计为具有参数的高斯过程，即

$$\mu_d = h\left(\mu_k, \mu_i\right) \tag{3-14}$$

$$\Sigma_d = \begin{bmatrix} H_i & H_k \end{bmatrix} \begin{bmatrix} \Sigma_{ii} & \Sigma_{ik} \\ \Sigma_{ik}^{\mathrm{T}} & \Sigma_{kk} \end{bmatrix} \begin{bmatrix} H_i & H_k \end{bmatrix}^{\mathrm{T}} \tag{3-15}$$

式中，H_k 和 H_i 为相对于位姿 x_k 和 x_i 的雅可比行列式分别在状态均值 μ_k 和 μ_i 下的值；Σ_{ki} 为这两个位姿之间的互相关。

将位移的分布沿其每个维度进行计算，得到一维高斯分布 $N\left(\mu_t, \sigma_t^2\right)$，沿着这样的维度可以计算出位姿 x_i 比阈值 v_t 更接近位姿 x_k 的概率，即

$$
\begin{aligned}
p_t &= \int_{-v_t}^{+v_t} N\left(\mu_t, \sigma_t^2\right) \\
&= \frac{1}{2}\left(\mathrm{erf}\left(\frac{v_t - \mu_t}{\sigma_t \sqrt{2}}\right) - \mathrm{erf}\left(\frac{-v_t - \mu_t}{\sigma_t \sqrt{2}}\right)\right)
\end{aligned} \tag{3-16}
$$

如果对于所有维度，p_t 都高于给定阈值 v_t，那么可认为配置位姿 x_i 与配置位姿 x_k 足够接近。

阈值 v_t 由传感器的特性定义，如相机的视角范围或激光测距仪对准的最大距离。阈值 v_t 可以根据机器人位姿中的不确定性进行调整，但会随机器人的偏离而降低。因此，为了避免增加位姿 SLAM 算法的复杂度，通常可以将机器人固定。在组织树结构中可以对位姿的增加做进一步的改进，其中在建图过程中针对每个位姿相邻集合的计算以对数时间执行。

对于候选位姿，在尝试闭环之前需要评估其信息内容。在测量候选连接的互信息增益时，先将连接集成到滤波器，再消除状态中的不确定量。

高斯分布由先态协方差矩阵和后态协方差矩阵的行列式之比的对数给出。先态协方差矩阵和后态协方差矩阵的行列式之比的对数与等概率协方差超椭圆体的体积成比例。因此，一旦确定一个闭环，这个比例就与状态不确定性缩小的次数有关。

由于协方差矩阵是信息矩阵的逆，根据式（3-11）可知，位姿 x_i 和位姿 x_k 之间的候选关联的互信息增益为

$$\mathcal{I} = \frac{1}{2}\ln\frac{|\boldsymbol{\Lambda} + \Delta\boldsymbol{\Lambda}|}{|\boldsymbol{\Lambda}|} \tag{3-17}$$

取自然对数，可以有效地评估为[11]

$$\mathcal{I}_{ki} = \frac{1}{2}\ln\frac{|\boldsymbol{S}_{ki}|}{|\boldsymbol{\Sigma}_z|} \tag{3-18}$$

式中，$\boldsymbol{\Sigma}_z$ 为传感器配准误差；$\boldsymbol{S}_{ki}$ 为创新协方差矩阵。$\boldsymbol{S}_{ki}$ 的表达式为

$$\boldsymbol{S}_{ki} = \boldsymbol{\Sigma}_z + \begin{bmatrix} H_k\, H_i \end{bmatrix} \begin{bmatrix} \boldsymbol{\Sigma}_{kk} & \boldsymbol{\Sigma}_{ki} \\ \boldsymbol{\Sigma}_{ki}^{\mathrm{T}} & \boldsymbol{\Sigma}_{ii} \end{bmatrix} \begin{bmatrix} H_k\, H_i \end{bmatrix}^{\mathrm{T}} \tag{3-19}$$

如果计算的互信息增益高于给定阈值 v_t，那么需要对传感器配准期间计算的实际传感器协方差矩阵进行传感器配准，以确定数据关联。在传感器配准期间计算的实际传感器协方差矩阵，可以将其用于重新计算互信息增益，以决定是否使用新的数据关联来更新状态。

3.2.4 状态稀疏性

所有延迟状态的 SLAM 算法（包括位姿 SLAM）都会随着时间的推移累积机器人的位姿信息，从而增大状态向量的规模。维持可控大小的状态向量的一种替代方法是，从该状态边缘化多余的位姿。然而，这种方法的计算是非常复杂的，并且这种方法降低了信息矩阵的稀疏性。由于状态边缘化难以实现，因此维持可控大小的状态向量的另一种替代方法是，使用局部树来近似位姿边缘化以保持信息矩阵的稀疏性。为了克服这个问题，在位姿 SLAM 算法中最好仅向状态向量添加非冗余位姿信息和高度信息化的数据关联。

当新位姿与路径中已经存在的任何位姿相似时，认为新位姿是多余的。也就是说，如果对于所有维度，均使用式（3-16）计算 p_t，且 p_t 高于给定阈值，就认为新位姿接近机器人位姿，并且认为它是多余的；如果没有位姿接近新位姿，就将新位姿包含在状态中。但是，如果新位姿允许建立信息关联，那么关联和位姿都将被添加到地图中，该信息关联由式（3-18）计算。

此方法减小了位姿 SLAM 算法中状态信息的大小，将其表示形式限制为固定的环境大小，而不是表示为可以无限增长的路径长度。

3.3 六自由度位姿 SLAM 算法

为实现本章中提出的位姿 SLAM 算法，需要定义相应的运动模型和观察模型，以获得六自由度位姿 SLAM 算法中的相对运动。此外，旋转矩阵的参数化需要对位姿 SLAM 算法的基本操作进行一些修改。

3.3.1 欧拉角参数化

采用 zyx-欧拉角参数化方法来表示旋转矩阵，设 ϕ、θ 和 ψ 分别为绕 x 轴、y 轴和 z 轴旋转的角度，旋转矩阵定义如下：

$$\hat{R} = \mathbf{rot}(\phi,\theta,\psi)$$

$$= \begin{bmatrix} c_\theta c_\psi & s_\phi s_\theta c_\psi - c_\phi s_\psi & c_\phi s_\theta c_\psi + s_\phi s_\psi \\ c_\theta s_\psi & s_\phi s_\theta s_\psi + c_\phi c_\psi & c_\phi s_\theta s_\psi - s_\phi c_\psi \\ -s_\theta & s_\phi c_\theta & c_\phi c_\theta \end{bmatrix} \tag{3-20}$$

式中，s_x 和 c_x 分别为 $\sin x$ 和 $\cos x$。

给定 $\hat{R}$，欧拉角通过如下公式计算得出：

$$\psi = \mathrm{yaw}\left(\hat{R}\right) = \mathrm{atan2}\left(r_{2,1}, r_{1,1}\right)$$

$$\theta = \mathrm{pitch}\left(\hat{R}\right) = \mathrm{atan2}\left(-r_{3,1}, r_{1,1}c\psi + r_{2,1}s\psi\right)$$

$$\phi = \mathrm{roll}\left(\hat{R}\right) = \mathrm{atan2}\left(r_{1,3}s\psi - r_{2,3}c\psi, -r_{1,2}s\psi - r_{2,2}c\psi\right)$$

式中，$\hat{R} = \begin{bmatrix} r_{1,1} & r_{1,2} & r_{1,3} \\ r_{2,1} & r_{2,2} & r_{2,3} \\ r_{3,1} & r_{3,2} & r_{3,3} \end{bmatrix}$。

如下公式定义了机器人的位姿（状态向量 x_i 的第 i 个分量）：

$$x_i = [t_i^{\mathrm{T}}, \Theta_i^{\mathrm{T}}]^{\mathrm{T}} \tag{3-21}$$

式中，$t_i = [x^{(i)}, y^{(i)}, z^{(i)}]^{\mathrm{T}}$ 为机器人的位置；$\Theta_i = [\phi^{(i)}, \theta^{(i)}, \psi^{(i)}]^{\mathrm{T}}$ 为机器人的方向。

无噪声运动模型和无噪声观测模型可以通过定义的复合运算定义。

机器人位姿 x_{k-1} 到位姿 x_k 的无噪声运动模型由下式给出：

$$x_k = x_{k-1} \oplus u_k$$

$$= \begin{bmatrix} t_{k-1} + R_{k-1}\Delta t_k \\ \mathrm{roll}(R_{k-1}R_u) \\ \mathrm{pitch}(R_{k-1}R_u) \\ \mathrm{yaw}(R_{k-1}R_u) \end{bmatrix} \tag{3-22}$$

式中，$u_k = [\Delta t_k^{\mathrm{T}}, \Delta \Theta_k^{\mathrm{T}}]^{\mathrm{T}}$ 为位姿 x_k 与位姿 x_{k-1} 之间的相对运动，位姿 x_{k-1} 由当前运动命令产生，其中 $\Delta\Theta_k = [\Delta\phi^{(k)}, \Delta\theta^{(k)}, \Delta\psi^{(k)}]^{\mathrm{T}}$；$R_{k-1} = \mathbf{rot}\left(\phi^{(k-1)}, \theta^{(k-1)}, \psi^{(k-1)}\right)$；$R_u = \mathbf{rot}\left(\Delta\phi^{(k)}, \Delta\theta^{(k)}, \Delta\psi^{(k)}\right)$。

无噪声观测模型由以下公式给出，该模型表示任何机器人位姿 x_i 与当前机器人位姿 x_k 之间的相对运动。

$$
\begin{aligned}
Z_{ki} &= h\left(x_k, x_i \right) \\
&= \ominus x_k \oplus x_i \\
&= \begin{bmatrix}
R_k\left[t_i - t_k \right] \\
\mathrm{roll}\left(R_k^{\mathrm{T}} R_i \right) \\
\mathrm{pitch}\left(R_k^{\mathrm{T}} R_i \right) \\
\mathrm{yaw}\left(R_k^{\mathrm{T}} R_i \right)
\end{bmatrix}
\end{aligned}
\tag{3-23}
$$

式中

$$
R_k = \mathbf{rot}\left(\phi^{(k)}, \theta^{(k)}, \psi^{(k)} \right)
$$

$$
R_i = \mathbf{rot}\left(\phi^{(i)}, \theta^{(i)}, \psi^{(i)} \right)
$$

对于欧拉角参数化，只要计算了无噪声运动模型和无噪声观测模型的雅可比矩阵，就可以使用 3.2 节介绍的公式组（无须做任何修改）。

3.3.2 四元数参数化

欧拉角参数化存在失去了一个自由度的问题或存在万向锁问题。此问题的解决方法是采用四元数参数化。对于欧拉角参数化，按如下公式定义一个机器人位姿（状态向量 x_i 的第 i 个分量）。

$$
x_i = [t_i^{\mathrm{T}} q_i^{\mathrm{T}}]^{\mathrm{T}}
\tag{3-24}
$$

式中，t_i 为机器人的位置；q_i 为机器人方向的单位标准四元数。

使用四元数复合运算[16]的内插法定义无噪声运动模型：

$$
\begin{aligned}
x_{k+1} &= f\left(x_k, u_k \right) \\
&= x_k \oplus u_k \\
&= \begin{bmatrix}
\tilde{t}_k + q_k \otimes \Delta \tilde{t}_k \otimes q_k^{-1} \\
q_k \otimes \Delta q_k
\end{bmatrix}
\end{aligned}
\tag{3-25}
$$

式中，符号 $\tilde{t}_k$ 为三维空间中最后一个元素等于零的普通矢量 $t_k = [x, y, z]^{\mathrm{T}}$，即 $\tilde{t}_k = [x, y, z, 0]^{\mathrm{T}}$；运算符 $\otimes$ 为四元数乘法。另外，由里程表数据给出的相对运动用 u_k 表示，其值由相对行进距离 Δt_k 和相对旋转变化 Δq_k 计算得出。

注意，式（3-25）会给出一个标量部分等于零的四元数。但是，在 x_{k+1} 中将其省略。

使用复合操作构建无噪声观测模型。无噪声观测模型由式（3-26）给出，用于表示机器人在当前位姿 x_k 和其他位姿 x_i 之间移动的距离。

$$\begin{aligned}
\boldsymbol{Z}_{ki} &= \boldsymbol{h}\left(\boldsymbol{x}_k, \boldsymbol{x}_i\right) \\
&= \ominus \boldsymbol{x}_k \oplus \boldsymbol{x}_i \\
&= \begin{bmatrix} \boldsymbol{q}_i^{-1} \otimes \left(\tilde{\boldsymbol{t}}_k - \tilde{\boldsymbol{t}}_i\right) \otimes \boldsymbol{q}_i \\ \boldsymbol{q}_i^{-1} \otimes \boldsymbol{q}_k \end{bmatrix}
\end{aligned} \tag{3-26}$$

式中，$\tilde{\boldsymbol{t}}_k$ 和 $\tilde{\boldsymbol{t}}_i$ 为标量部分等于零的四元数。

在应用 3.2 节介绍的公式之前，需要计算无噪声运动模型和无噪声观测模型的雅可比式。另外，对于这种旋转表示，需要考虑以下内容。

在进行状态增强和状态更新操作时，需要分别对 $\boldsymbol{\Sigma}_u$ 和 $\boldsymbol{\Sigma}_z$ 进行转置（运动噪声协方差矩阵和观测噪声协方差矩阵）。但是，四元数参数化存在的问题是归一化的四元数表示使协方差矩阵的秩为 1。

为了解决这个问题，在进行状态增强和状态更新操作时引入运动噪声协方差伪逆矩阵 $\boldsymbol{\Sigma}_u^+$ 和观测噪声协方差伪逆矩阵 $\boldsymbol{\Sigma}_z^+$。假设 $\boldsymbol{\Sigma}_u$ 和 $\boldsymbol{\Sigma}_z$ 是块三对角矩阵，每个矩阵对应于平移变量和旋转变量，则应用包含四元数部分的块计算对应伪逆矩阵。

为了算出 $\boldsymbol{\Sigma}_u^+$，假设运动噪声协方差矩阵的旋转部分 $\boldsymbol{Q}_e$ 最初由欧拉角指定。首先，将协方差矩阵转换为四元数。该转换通过以欧拉角进行的噪声一阶线性传播来完成。为此，定义函数

$$\boldsymbol{g} : x_e \to x_q \tag{3-27}$$

将欧拉角 $x_e \subseteq \mathrm{SO}(3)$ 中的机器人方向转换为四元数 x_q 的机器人方向，其四阶线性化关于当前欧拉角 x_e 方向平均值 μ_e 的一阶线性化为

$$\boldsymbol{g}\left(x_e\right) \approx \boldsymbol{g}\left(\mu_e\right) + \boldsymbol{G}\left(x_e - \mu_e\right) \tag{3-28}$$

式中

$$\boldsymbol{G} = \frac{\partial \boldsymbol{g}}{\partial x_e}\bigg|_{\mu_e} \tag{3-29}$$

因此，四元数中旋转噪声的协方差矩阵为

$$\boldsymbol{Q}_q = \boldsymbol{G}\boldsymbol{Q}_e\boldsymbol{G}^{\mathrm{T}} \tag{3-30}$$

使用归一化四元数表示法时，协方差矩阵的秩不足一个，为欠秩。

计算 $\boldsymbol{Q}_q$ 的伪逆矩阵：

$$\boldsymbol{Q}_q^+ = \boldsymbol{G}(\boldsymbol{G}^{\mathrm{T}}\boldsymbol{G}\boldsymbol{Q}_e\boldsymbol{G}^{\mathrm{T}}\boldsymbol{G})^{-1}\boldsymbol{G}^{\mathrm{T}} \tag{3-31}$$

运动噪声协方差矩阵的伪逆矩阵：

$$\boldsymbol{\Sigma}_u^+ = \begin{bmatrix} \boldsymbol{Q}_t^{-1} & \boldsymbol{0} \\ \boldsymbol{0} & \boldsymbol{Q}_q^+ \end{bmatrix} \tag{3-32}$$

式中，$\boldsymbol{Q}_t$ 为运动噪声协方差矩阵 $\boldsymbol{\varSigma}_u$ 的平移分量。

由上述过程可得，观测噪声协方差矩阵的伪逆矩阵为

$$\boldsymbol{\varSigma}_z^+ = \begin{bmatrix} \boldsymbol{V}_t^{-1} & \boldsymbol{0} \\ \boldsymbol{0} & \boldsymbol{G}(\boldsymbol{G}^{\mathrm{T}}\boldsymbol{G}\boldsymbol{V}_e\boldsymbol{G}^{\mathrm{T}}\boldsymbol{G})^{-1}\boldsymbol{G}^{\mathrm{T}} \end{bmatrix} \tag{3-33}$$

当使用 $\boldsymbol{V}_t$ 时，观测噪声协方差矩阵 $\boldsymbol{\varSigma}_z$ 的平移分量和 $\boldsymbol{V}_e$ 的旋转分量用欧拉角表示。

位姿 SLAM 算法的要求是在每次迭代时强制执行四元数归一化。因此，对于机器人位姿估计的旋转部分 $\boldsymbol{x}_q \sim N\left(\boldsymbol{\mu}_q, \boldsymbol{\varSigma}_q\right)$，执行如下四元数归一化：

$$\boldsymbol{\mu}_q' = \boldsymbol{g}_k\left(\boldsymbol{\mu}_q\right) \tag{3-34}$$

和

$$\boldsymbol{\varSigma}_q = \boldsymbol{G}_k\boldsymbol{\varSigma}_q\boldsymbol{G}_k^{\mathrm{T}} \tag{3-35}$$

其中，$\boldsymbol{g}_k$ 为执行四元数归一化的函数，即

$$\boldsymbol{g}_k\left(\boldsymbol{q}\right) = \frac{\boldsymbol{q}}{\|\boldsymbol{q}\|}$$

雅可比式

$$\boldsymbol{G}_k = \left.\frac{\partial \boldsymbol{g}_k}{\partial \boldsymbol{q}}\right|_{\mu_q}$$

3.4 遍历性地图的构建

将栅格图作为输入（每个栅格代表环境中该位置存在的障碍物），并将其转换为另一个栅格图，该图指示机器人的最大线速度，以确保在特定路径下机器人不会发生碰撞。为此，需要建立机器人的运动学模型，从而为每个不同的移动平台提供量身定制的地图，这对于在相同环境中的自主导航十分有用。

根据栅格图的分辨率，将机器人的配置空间离散化为位置。给定作用空间 $\mathcal{A} = v \times \varOmega$，分别使用 v 和 $\varOmega$ 设置所有可能的线速度和角速度。计算所有线速度的集合 $v(x, y, \theta)$，这些线速度会生成与机器人位姿 $[x, y, \theta]^{\mathrm{T}}$ 不同的无碰撞路径，其中，(x, y) 为栅格的位置；θ 为机器人的方向。对于给定的栅格、每个机器人的方向和每个控制动作 $\left(v_j, \omega_j\right)$（$v_j \in v$ 和 $\omega_j \in \varOmega$），使用机器人的运动学模型，通过迭代固定的时间段来生成路径。如果所得路径在自由空间内，就将线速度 v_j 添加到 $v(x, y, \theta)$ 中，使用输入栅格图执行碰撞检测。

计算由最大线速度并集定义的集合：

$$v_{\mathrm{m}}\left(x, y\right) = U_{\theta \in \varTheta}\max\left(v\left(x, y, \theta\right)\right) \tag{3-36}$$

该最大线速度从方向为 θ 的 (x,y) 栅格处偏移，以保证无碰撞路径。给定栅格的位置 (x,y) 包含所有方向 Θ 的最大线速度。

因此，遍历性地图将每个栅格位置 (x,y) 与最大线速度 v_f 相关联的函数定义为

$$m:(x,y)\to v_f \tag{3-37}$$

该最大线速度保证了无碰撞路径。式（3-37）中

$$v_f = \min\left(v_m\left(x,y\right)\right) \tag{3-38}$$

取式（3-38）中的最小值以确保在偏离所有考虑的方向后机器人不会与障碍物碰撞。由于 $v_m(x,y)$ 包含从不同方向出发的最大线速度，因此选取其最大值将导致相应的初始方向出现一条无碰撞的路径。但是，如果以相同的线速度从不同的初始方向开始，就无法保证机器人不会与障碍物碰撞。

3.5　位姿 SLAM 建图

本节将使用位姿 SLAM 算法构建三种类型的地图。第一种地图是由二维位姿 SLAM 算法构建的，以视觉里程法计算的相对运动测量值为输入；第二种地图是由六自由度位姿 SLAM 算法构建的三维体积地图，以三维激光传感器数据为主要输入，其中相对运动测量值由最优化 ICP 算法计算获得；第三种地图是通过对三维体积地图进行后处理而得出的三维遍历地图。

3.5.1　视觉里程计

本次实验使用先锋机器人平台收集了与目标特征相关的读数和立体图像，该平台配备了一台彩色相机，其在室外环境中的探测距离约为 150m。

分别用噪声协方差矩阵 $\boldsymbol{\Sigma}_u = \mathrm{diag}(0.0316\mathrm{m}, 0.0158\mathrm{m}, 0.1104\mathrm{rad})^2$ 和 $\boldsymbol{\Sigma}_z = \mathrm{diag}(0.2\mathrm{m}, 0.2\mathrm{m}, 0.03\mathrm{rad})^2$ 建模航位推算读数和视觉位姿约束，将初始位姿的不确定度设置为 $\boldsymbol{\Sigma}_0 = \mathrm{diag}(0.1\mathrm{m}, 0.1\mathrm{m}, 0.09\mathrm{rad})^2$。需要注意的是，选择静态运动和测量协方差矩阵会高估真实协方差矩阵。

在实验中观察到 x 轴方向 $\pm 4.5\mathrm{m}$、y 轴方向 $\pm 4.5\mathrm{m}$ 或 z 轴方向 $\pm 1.04\mathrm{rad}$ 区域内拍摄的图像无法安全匹配。这些是 $s = 0.1$ 时，用于检测附近位姿的阈值 v_t。在此实验中，将最小信息增益设置为 $\gamma = 1.5\mathrm{nats}$。

图 3-2 所示为由编码器测距和立体视觉数据融合构建的位姿 SLAM 图。稀疏点线表示融合了编码器和视觉测距法得到的估计路径，密集点线表示通过在非连续位姿下记录立体图像而建立的闭环约束。尽管基于视觉的位姿约束可能无法进行平移估计，但它提供了相当准确的旋转估计，并且对于因机器人做出转弯动作出现的原始视觉里程计信息效果较差的情况，基于视觉的位姿约束有助于校正原始视觉里程计信息。

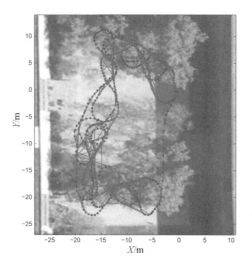

图 3-2 彩图

图 3-2　由编码器测距和立体视觉数据融合构建的位姿 SLAM 图

3.5.2　三维体积地图

将三维激光传感器数据作为主要输入数据，利用六自由度位姿 SLAM 算法构建三维体积地图。数据集是在室外城市环境中获取的，实验区域面积超过 15000m²，其中包括多个水平通道和地下通道。由图 3-3 所示的三维激光测距仪，从起始点出发沿着长度超过 600m 的路径进行建图。在此过程中，三维激光测距仪使用三维扫描系统获取三维激光传感器数据。该仪器安装在先锋机器人平台上，可产生三维点云，大小约为 96000 点，探测距离可达 30m，每个激光束的深度估计传感器的噪声级别为±3cm。

图 3-3　三维激光测距仪

相对运动测量值是使用最优化 ICP 算法计算获得的[57]。该算法采用了分层结构，该结构不仅使用粗粒度级别的点对面误差度量和细粒度级别的点对点误差度量，还使用权重不同的旋转和平移，并且使用欧拉角将相对运动测量值引入位姿 SLAM 算法。图 3-4（a）

所示为包含状态增强的结果，其结果完全由最优化 ICP 算法计算的运动约束串联而成。图 3-4（a）所示的超椭球体表示机器人位置的边缘协方差。该开环遍历导致累积估计误差增加。本节讨论的建图策略关闭了其中 19 个循环，改善了定位不确定性，结果如图 3-4（b）所示。

（a）闭环前的状态估计

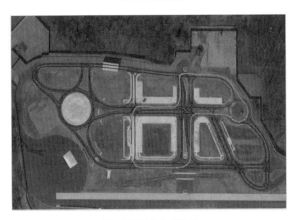

图 3-4 彩图

（b）闭环后的轨迹估计

图 3-4　基于 6D 范围的 SLAM 结果

　　传感器协方差通过一阶误差传播进行近似计算，即将雅可比隐函数用于最优化 ICP 算法的点对点无约束最小化。尽管仅针对点对点误差度量制定，但是最优化 ICP 算法针对性能进行了优化，其层次结构在更高的水平上使用了最粗粒度级别的点对面误差度量和粗粒度级别的点对点误差度量。在实验中获得了与同一环境的地理参考 CAD 模型在质量上一致的地图。实验结果的总体估计误差为 5～50cm。

3.5.3　三维遍历地图

　　给定如图 3-5 所示的实验现场的最终三维地图，仍然使用如图 3-3 所示的三维激光测距仪，计算获得的三维遍历地图如图 3-6 所示。为此，将机器人位置的配置空间离散化为

10cm，将机器人方向角的配置空间离散化为 0.25rad，将线速度的配置空间离散化为0.1m/s，将角速度的配置空间离散化为0.01rad/s。从图3-6中可以看出，正如预期的那样，在空旷区域机器人运动可以实现的最大线速度较大，而在较窄区域机器人运动可以实现的最大线速度较小。

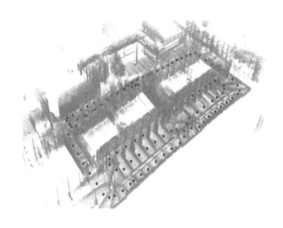

图 3-5　实验现场的最终三维地图

图 3-6 彩图

　（a）叠加在航空影像上的二维层　　　　　　（b）相应的遍历地图

图 3-6　三维遍历地图

3.6　本章小结

　　数据关联是SLAM前端算法的关键组成部分。但是，在难以区分地标的环境及混叠的环境中进行数据关联是特别困难的。当前，仅仅依靠SLAM前端算法无法保证建图的准确性。例如，数据关联可能会失败，从而导致估计的位姿不一致。因此，研究人员提出了几种方法来提高图优化过程的鲁棒性，这些方法被统称为鲁棒图优化的SLAM后端算法。到目前为止，鲁棒图优化的SLAM后端算法发展越来越快，是在速度和准确性方面进行位姿SLAM估计的最新算法。但是，仅靠该算法并不能解决所有SLAM问题，因为仍然需要用SLAM前端算法来构建地图。

第 *4* 章

基于激光传感器的 SLAM 算法

4.1 引言

在机器人研究中，自主导航是使机器人真正实现智能化的一门关键性技术。自主导航的研究目标就是在没有人为干预的情况下，机器人从起始点开始，按照预设的路径运动、避障，最终到达目的地。机器人要完成自主导航任务，首先需要确定自身所处位置，这就是定位问题。机器人只有明确自身在所处环境中的准确位置，才能自主地完成路径运动、避障任务。因此，定位问题是机器人自主导航中的基本问题[63]。传统的测距差定位方法可通过读取机器人的视觉里程计信息实现对位置的估计。但是，环境因素和测量工具存在误差，对于测量范围较大或视觉里程计使用时间较长的情况，视觉里程计的累积误差将会严重影响机器人的定位精度，甚至造成定位失败。要进行有效的定位，机器人就需要依赖于地图，这就引出了建图问题。由此可知，机器人的自主导航与定位、建图等问题紧密相关。

激光测距仪、声压传感器和 CCD 摄像头等外部环境感知传感器已经成为机器人研究中必不可少的标准配置。激光测距仪是一种具有主动感知系统的仪器。激光测距仪先以一定规律发出受控制的激光，激光照射环境中的目标，激光测距仪接收目标反射回来的激光，从而获得目标的距离信息。激光测距仪主要分为二维激光测距仪和三维激光测距仪。其中，二维激光测距仪只在一个扫描平面上获取目标的距离信息，又称单线扫描。目前常用的激光测距仪有日本 HOKUYO 公司的 URG 系列的激光测距仪和德国 SICK 公司的 LMS 系列的激光测距仪，如图 4-1 所示。

本章将利用激光测距仪，对基于激光传感器的 SLAM 算法展开研究。本章结构安排如下：4.2 节介绍基于激光传感器的 SLAM 算法模型；4.3 节介绍改进滤波 SLAM 算法；4.4 节介绍对改进滤波 SLAM 算法进行的实验与分析；4.5 节为本章小结。

（a）URG 系列的激光测距仪　　　　　　（b）LMS 系列的激光测距仪

图 4-1　目前常用的激光测距仪

4.2　基于激光传感器的 SLAM 算法模型

基于激光传感器的 SLAM 算法有两种，一种是基于滤波的 SLAM 算法，另一种是基于图优化的 SLAM 算法。由于基于图优化的 SLAM 算法的思想和 VSLAM 算法类似，因此本节主要介绍基于滤波的 SLAM 算法。

4.2.1　SLAM 问题的概率模型

在 SLAM 问题中引入概率模型后，便可以这样描述[64]：在 $k-1$ 时刻，机器人位姿和环境特征位置组成的联合状态概率分布条件为机器人的初始位姿 x_0、控制器的历史输入运动命令 $U_{0:k}$ 和历史观测值 $Z_{0:k}$，即

$$P(x_k, m \mid Z_{0:k}, U_{0:k}, x_0) \tag{4-1}$$

因此，SLAM 问题的求解可以转换为求解 $P(x_{k-1}, m \mid Z_{0:k-1}, U_{0:k}, x_0)$ 在 $k-1$ 时刻的联合状态概率分布。由贝叶斯定理结合 k 时刻的观测值 Z_k 和控制器的输入运动命令 U_k，可以计算出该时刻的联合状态概率分布 $P(x_k, m \mid Z_{0:k}, U_{0:k}, x_0)$。

环境特征观测模型：当环境特征位置 m 和机器人位姿 x_k 都已知时，机器人在 k 时刻的观测值是 Z_k 的概率为

$$P(Z_k \mid x_k, m) \tag{4-2}$$

机器人运动模型可以用

$$P(x_k \mid x_{k-1}, u_k) \tag{4-3}$$

表示，机器人的状态转移是一个马尔可夫过程，机器人在 k 时刻的位姿和其前一时刻的位姿及 k 时刻输入的命令有关，并且不是通过激光传感器数据计算得到的。

4.2.2　EKF-SLAM 算法

卡尔曼滤波器成功将 SLAM 问题转换为估计当前机器人位姿的概率问题。其原理是激光传感器数据和视觉里程计数据都是连续的，并且前一时刻和当前时刻的数据具有一定

的联系。

EKF-SLAM 算法包含预测和观测更新两个阶段[65]。预测阶段的主要任务是计算当前时刻的位姿，计算误差的估计值，并将算出的估计值用于下一时刻的位姿计算；观测更新阶段的主要任务是计算卡尔曼增益、计算系统状态预测估计更新误差协方差矩阵。预测阶段的下一时刻就是观测更新阶段的当前时刻，预测阶段和观测更新阶段是不停更新的。卡尔曼滤波器滤波过程如图 4-2 所示。

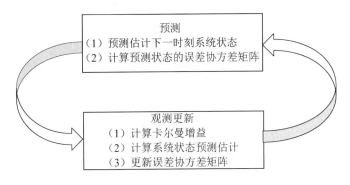

图 4-2　卡尔曼滤波器滤波过程

k 时刻的环境特征观测模型和机器人运动模型分别为

$$\begin{cases} \boldsymbol{x}_{k+1} = f\left[\boldsymbol{x}_k, \boldsymbol{u}_k, \boldsymbol{v}_k, k\right] \\ \boldsymbol{v}_k = N\left(0, \boldsymbol{Q}_k\right) \\ E\left[\boldsymbol{v}_i \boldsymbol{x}_j^{\mathrm{T}}\right] = 0, \forall i, j \\ \boldsymbol{w}_k = N\left(0, \boldsymbol{R}_k\right) \end{cases} \quad (4\text{-}4)$$

$$\begin{cases} z_k = h\left[\boldsymbol{x}_k, \boldsymbol{w}_k, k\right] \\ E\left[\boldsymbol{v}_i \boldsymbol{x}_j^{\mathrm{T}}\right] = Q_i \delta_{ij} \\ E\left[\boldsymbol{v}_i \boldsymbol{x}_j^{\mathrm{T}}\right] = R_k \delta_{ij} \\ E\left[\boldsymbol{v}_i \boldsymbol{x}_j^{\mathrm{T}}\right] = 0, \forall i, j \\ E\left[\boldsymbol{w}_i \boldsymbol{v}_j^{\mathrm{T}}\right] = 0, \forall i, j \end{cases} \quad (4\text{-}5)$$

式中，$\boldsymbol{x}_k$ 为系统噪声；$\boldsymbol{Q}_k$ 为系统噪声方差矩阵；$\boldsymbol{R}_k$ 为观测噪声协方差矩阵；$\boldsymbol{w}_k$ 为高斯白噪声。

（1）预测阶段。

EKF-SLAM 算法假设环境特征观测模型和机器人运动模型是局部线性的[66]，则有

$$\hat{\boldsymbol{x}}_{k|k} \approx E[\boldsymbol{X}_k \mid \boldsymbol{Z}^k] \quad (4\text{-}6)$$

采用将系统状态公式在 $\hat{\boldsymbol{x}}_{k|k}$ 处展开成泰勒级数并省略二阶以上项的方式线性化机器人运动模型，当 $t = k+1$ 时，有

$$\boldsymbol{x}_{k+1} \approx f\left[\hat{\boldsymbol{x}}_{k|k}, \boldsymbol{u}_k, 0, k\right] + \nabla f_x \hat{\boldsymbol{x}}_{k|k} + \nabla f_v \boldsymbol{v}_k \qquad (4\text{-}7)$$

式中

$$\nabla f_x = \left.\frac{\partial f}{\partial x}\right|_{\hat{\boldsymbol{x}}_{k|k}, \boldsymbol{u}_k}, \quad \nabla f_v = \left.\frac{\partial f}{\partial \boldsymbol{v}}\right|_{\hat{\boldsymbol{x}}_{k|k}, \boldsymbol{u}_k} \qquad (4\text{-}8)$$

预测估计的相应公式为

$$
\begin{aligned}
\hat{\boldsymbol{x}}_{k+1|k} &= E\left[\boldsymbol{x}_{k+1} \middle| \boldsymbol{Z}^k\right] \\
&\approx E\left[f\left[\hat{\boldsymbol{x}}_{k|k}, \boldsymbol{u}_k, 0, k\right] + \nabla f_x \hat{\boldsymbol{x}}_{k|k} + \nabla f_v \boldsymbol{v}_k\right] \\
&= \left[\hat{\boldsymbol{x}}_{k_1 k}, \boldsymbol{u}_k, 0, k\right]
\end{aligned} \qquad (4\text{-}9)
$$

预测估计误差为

$$
\begin{aligned}
\hat{\boldsymbol{x}}_{k+1|k} &= E\left[\tilde{\boldsymbol{x}}_{k+1|k}, \tilde{\boldsymbol{x}}_{k+1}^{\mathrm{T}} \middle| k\right|\right] \\
&\approx \nabla f_x \tilde{\boldsymbol{x}}_{k|k} + \nabla f_v \boldsymbol{v}_k
\end{aligned} \qquad (4\text{-}10)
$$

预测估计协方差矩阵为

$$
\begin{aligned}
\boldsymbol{P}_{k+1|k} &= \boldsymbol{x}_{k+1} - \hat{\boldsymbol{x}}_{k+1|k} \\
&\approx \nabla f_x \hat{\boldsymbol{x}}_{k|k} + \nabla f_v \boldsymbol{v}_k
\end{aligned} \qquad (4\text{-}11)
$$

（2）观测更新阶段。

观测信息的相应公式为

$$
\begin{aligned}
\boldsymbol{V}_{k+1} &= \boldsymbol{Z}_{k+1} - \hat{\boldsymbol{Z}}_{k+1|k} \\
&= \nabla h_x \tilde{\boldsymbol{x}}_{k+1|k} + \nabla h_w \boldsymbol{w}_{k+1}
\end{aligned} \qquad (4\text{-}12)
$$

卡尔曼增益为

$$\boldsymbol{K}_{k+1} = \boldsymbol{P}_{k+1|k} \left(\nabla h_x\right)^{\mathrm{T}} \left(\boldsymbol{S}_{k+1|k}\right)^{-1} \qquad (4\text{-}13)$$

状态更新为

$$\hat{\boldsymbol{x}}_{k+1|k+1} = \hat{\boldsymbol{x}}_{k+1|k} + \boldsymbol{K}_{k+1} \boldsymbol{V}_{k+1} \qquad (4\text{-}14)$$

EKF-SLAM算法的一次循环到此结束，在结束一次循环后会进入下次循环，估测下一时刻的位姿。

4.2.3 基于粒子滤波的 SLAM 算法

粒子滤波系统状态是通过带有权重的样本实现的，将样本抽象为粒子，通过对粒子的计算，求出系统状态的后验概率密度。这是一种采用蒙特卡洛数值模拟求解贝叶斯滤波器的算法，不需要对非线性系统进行线性化处理[67]。粒子滤波以贝叶斯递推为基础，在算法运行过程中会出现粒子退化问题（一部分粒子权重会逐渐变大，另一部分粒子权重会逐渐变小，权重小的粒子对系统计算的影响几乎可以忽略不计），这会导致算法不稳定。基于粒子滤波的 SLAM 算法的步骤如下。

（1）初始化，从先验分布中对粒子进行采样。

（2）归一化权重。

（3）重新采样。

（4）根据（3）中的数据估计状态信息。

（5）重复（2），迭代算法。

1）贝叶斯递推

贝叶斯递推是粒子滤波的基础。贝叶斯算法的本质是在一定条件下利用测量值 z_k 计算 x_k 的后验分布概率密度函数 $p(x_k|z_{1|k})$，并通过后验分布概率密度函数计算出基于测量的贝叶斯递推中的状态 $\hat{x}_k$，相应公式为

$$\hat{x}_k = \int x_k p(x_k \mid z_{1|k})\mathrm{d}x_k \qquad (4\text{-}15)$$

因为 x 的后验分布概率密度和先验值、观测似然度成正比，所以由预测和估计组成的贝叶斯递推估计为

$$p\left(x_{k-1}|z_{1:k-1}\right) \qquad (4\text{-}16)$$

预测公式为

$$p\left(x_k|z_{1:k-1}\right) = \int p(x_k \mid x_{k-1})p(x_{k-1} \mid z_{1:k-1})\mathrm{d}x_{k-1} \qquad (4\text{-}17)$$

2）FastSLAM 算法

FastSLAM（快速 SLAM）算法以粒子滤波为基础，基本思想是将 SLAM 问题转变为计算机器人运动路径的概率和环境中的特征点的问题[68]，其基本原理图如图 4-3 所示。

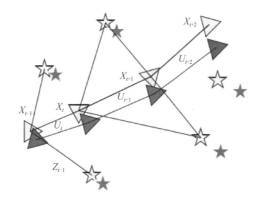

图 4-3　FastSLAM 算法的基本原理图

在 FastSLAM 算法中，机器人的一条运动路径表示为一个粒子，在这条路径上，如果环境位置特征已知，那么每个粒子都可以独立执行一次 EKF 算法，相应公式为

$$p\left(x_{1,t}^R, m|u_{1:t}, n_{1:t}\right) = p(x_{1:t}^R \mid Z_{1:t}, u_{1:t}, n_{1:t})\prod_{i=1}^{n_t} p(m_i \mid x_{1:t}^R, Z_{1:t}, u_{1:t}, n_{1:t}) \qquad (4\text{-}18)$$

传统的 FastSLAM 算法会先根据建议分布函数对当前粒子群进行采样，以获得下一时刻的粒子集，即

$$\boldsymbol{x}_k^{(i)} \sim N\left(\boldsymbol{u}_{\boldsymbol{x}_{0:k}^{R(i)}}^{(i)}, \sum_{\boldsymbol{x}_{0:k}^{R(i)}}^{(i)}\right) \tag{4-19}$$

t 时刻机器人的可能位姿为

$$\boldsymbol{x}_t^{(i)} \sim p(\boldsymbol{x}_t^{(i)} \mid \boldsymbol{x}_{t-1}^{(i)}, \boldsymbol{u}_{t-1}) \tag{4-20}$$

因为粒子根据机器人运动模型来预测机器人位姿，所以建议分布函数为

$$p(\boldsymbol{x}_t^{(i)} \mid \boldsymbol{x}_t^{(i)}, \boldsymbol{u}_{t-1}) \tag{4-21}$$

粒子权重为

$$\boldsymbol{w}_t^{(i)} = \frac{\partial \boldsymbol{h}}{\partial \boldsymbol{x}_t^{R(i)}} P_t^{(i)} \left(\frac{\partial \boldsymbol{h}}{\partial \boldsymbol{x}_t^{R(i)}}\right)^{\mathrm{T}} + \frac{\partial \boldsymbol{h}}{\partial m_t^{(i)}} \boldsymbol{\Sigma}_{n_t, t-1}^{(i)} \left(\frac{\partial \boldsymbol{h}}{\partial m_{n_t}^{(i)}}\right)^{\mathrm{T}} \tag{4-22}$$

式中，$\dfrac{\partial \boldsymbol{h}}{\partial m_t^{(i)}}$ 为表征环境特征位置估计的结果；$\dfrac{\partial \boldsymbol{h}}{\partial m_{n_t}^{(i)}} \boldsymbol{\Sigma}_{n_t, t-1}^{(i)}$ 为观测公式对环境特征位置变量的矩阵；n_t 为 t 时刻的粒子数。

FastSLAM 算法流程图如图 4-4 所示。

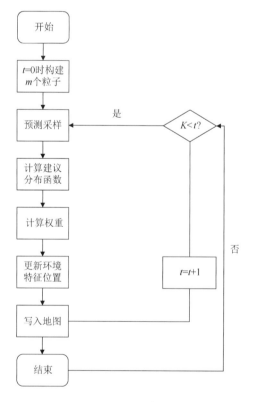

图 4-4　FastSLAM 算法流程图

4.2.4　基于滤波的 SLAM 算法的局限性

1）EKF-SLAM 算法的局限性

基于两轮驱动机器人运动模型的 EKF-SLAM 算法的模型是基于较大的几何近似得到的，且存在随时间而积累的近似误差和线性化运动模型误差，这些误差不断积累，会增加算法的不确定性，影响定位和建图的精度，甚至会导致建图失败[69]。同时，计算过程中误差过大会影响地图和定位的精度，进而会降低整个算法的鲁棒性。EKF-SLAM 算法不能满足环境中的突发情况，如机器人的"绑架"问题，主要原因是 EKF-SLAM 算法假定机器人运动过程中的噪声是服从高斯分布的，但实际上机器人运动的噪声并不服从高斯分布，如机器人在运动过程中会发生碰撞、打滑等随机误差，机器人本身不知道这种误差，因此会出现机器人的"绑架"问题。所以，EKF-SLAM 算法的应用场景受到极大约束。

2）FastSLAM 算法的局限性

FastSLAM 算法在重采样阶段会根据当前时刻的观测信息，实时更新每个粒子的权重，权重较大的粒子分布得越来越集中，这会导致粒子匮乏。在 FastSLAM 算法的主流程循环几次之后，会出现大部分权重集中在极少数粒子上，其余大部分粒子的权重分布几乎可以忽略不计。这种情况不但浪费了计算资源，降低了算法的性能，而且此时的粒子集将不可以用来表达后验概率分布。

FastSLAM 算法的建议分布函数和环境特征位置的估计是基于 EKF 算法的。在 EKF-SLAM 算法中存在的线性度误差较大的问题，在 FastSLAM 算法中依然存在。基于粒子滤波的 SLAM 算法中的计算需要大量的粒子，每个权重较大的粒子都需要运行一次 EKF 算法，这导致算法计算复杂度较大，并且算法计算复杂度和环境复杂度成正比，对于相对复杂的环境，FastSLAM 算法并不能很好地满足 SLAM 的需求[70]。

4.3　改进滤波 SLAM 算法

针对基于滤波的 SLAM 算法存在的样本退化问题，本节在 FastSLAM 算法的重采样阶段引入后验粒子滤波，以增加观测似然度大的样本的影响力，并从中采集样本，这样可以保持观测似然度大的样本的占比，使得样本权重在算法运行过程中变得稳定。普通的粒子滤波不考虑当前可用的观测信息，这可能会导致蒙特卡洛方差过高。但是在后验粒子滤波中，在 t 时刻系统状态已知的情况下，可以获得下一时刻的系统状态均值，即

$$\boldsymbol{u}_{t+1}^{j^{(i)}} = E[\boldsymbol{x}_{t+1} \mid \boldsymbol{x}_t^{j^{(i)}}] \tag{4-23}$$

4.3.1　建议分布函数的计算

假设 t 时刻的粒子集为 $\{\boldsymbol{x}_k^{(i)}\}_{i=1}^N$，权重为 $\tilde{\boldsymbol{w}}_k^{(i)}$，在普通的粒子滤波中，后验分布概率密度的获取是由先验分布概率分布函数将观测似然度函数作为桥梁，经更新计算获得的。

在后验粒子滤波算法中，引入后验粒子滤波，定义

$$p(\boldsymbol{x}_{t+1}, j^{(i)} \mid \boldsymbol{Z}_{1:t+1}) \propto p(\boldsymbol{Z}_{t+1} \mid \boldsymbol{x}_{t+1}) \int p(\boldsymbol{x}_{t+1} \mid \boldsymbol{x}_t^{(i)}) p(\boldsymbol{x}_k^{(i)} \mid \boldsymbol{Z}_{1:k}) \tag{4-24}$$

根据贝叶斯定理得

$$\begin{aligned} p\left(\boldsymbol{x}_{t+1}, j^{(i)} \mid \boldsymbol{Z}_{1:t+1}\right) &\propto p\left(\boldsymbol{Z}_{t+1} \mid \boldsymbol{x}_{t+1}\right) \int p\left(\boldsymbol{x}_{t+1} \mid \boldsymbol{x}_t^{(i)}\right) p\left(\boldsymbol{x}_k^{(i)} \mid \boldsymbol{Z}_{1:k}\right) \\ &= p(\boldsymbol{Z}_{t+1} \mid \boldsymbol{x}_{t+1}) p(\boldsymbol{x}_{t+1} \mid j^{(i)}, \boldsymbol{Z}_{1:t}) \\ &= p(\boldsymbol{Z}_{t+1} \mid \boldsymbol{x}_{t+1}) p(\boldsymbol{x}_{t+1} \mid \boldsymbol{x}_t^{j^{(i)}}) p(j^{(i)} \mid \boldsymbol{Z}_{1:t}) \end{aligned} \tag{4-25}$$

用 $\boldsymbol{u}_{t+1}^{j^{(i)}} = E[\boldsymbol{x}_{t+1} \mid \boldsymbol{x}_t^{j^{(i)}}]$ 替换 $\boldsymbol{x}_{t+1}$ 得

$$p(\boldsymbol{x}_{t+1}, j^{(i)} \mid \boldsymbol{Z}_{1:t+1}) \propto p(\boldsymbol{Z}_{t+1} \mid \boldsymbol{x}_{t+1}) p(\boldsymbol{x}_{t+1} \mid \boldsymbol{x}_t^{j^{(i)}}) p(j^{(i)} \mid \boldsymbol{Z}_{1:t}) \tag{4-26}$$

通过引进 $k+1$ 时刻的观测似然度函数，可以提高建议分布函数的稳定性。

t 时刻的一次加权可通过在 $\boldsymbol{x}_t$ 处对建议分布函数进行边缘化得到。在 $\boldsymbol{x}_{t+1}$ 处对建议分布函数进行边缘化，就可以得到 $t+1$ 时刻的一次加权，即

$$p(j^{(i)} \mid \boldsymbol{Z}_{1:t+1}) \propto p(\boldsymbol{Z}_{t+1} \mid \boldsymbol{\mu}_{t+1}^{(i)}) p(j^{(i)} \mid \boldsymbol{Z}_{1:t}) \tag{4-27}$$

根据上述式子对粒子进行采样，不仅可以得到粒子集 $\{\boldsymbol{x}^{(i)}\}_{i=1}^N$，还可以得到粒子索引集 $\{j^{(i)}\}_{i=1}^N$。

在对粒子进行采样之后，如果依然存在样本退化问题，就需要对得到的粒子集进行重采样。

后验粒子滤波算法的重采样步骤如下。

（1）根据 $t+1$ 时刻的粒子索引集 $\{j^{(i)}\}_{i=1}^N$，对 $\{\boldsymbol{x}^{(i)}\}_{i=1}^N$ 进行重采样，得到 $\{\boldsymbol{x}_t^{j^{(i)}}\}_{i=1}^N$。在 $t+1$ 时刻，粒子状态预测值为 $\hat{\boldsymbol{x}}_{t+1}^{(i)}|t$，即

$$\hat{\boldsymbol{x}}_{t+1}^{(i)} \mid t = p(\boldsymbol{x}_{t+1} \mid \boldsymbol{x}_t^{j^{(i)}}) \tag{4-28}$$

同时得到粒子集 $\{\boldsymbol{x}_{t+1}^{j^{(i)}}\}_{i=1}^N$。

（2）基于粒子状态预测值 $\hat{\boldsymbol{x}}_{t+1}^{(i)}|t$，计算 $t+1$ 时刻的观测似然度函数 $p(\boldsymbol{Z}_{t+1}|\hat{\boldsymbol{x}}_{t+1}^{(i)}|t)$，并按重要性权重对式（4-26）进行加权值计算，即

$$\begin{aligned} \boldsymbol{w}_{t+1}^{(i)} &= \frac{\text{目标函数}}{\text{建议分布函数}} \\ &= \frac{p\left(\boldsymbol{Z}_{t+1} \middle| \hat{\boldsymbol{x}}_{t+1}^{(i)} \middle| t\right) p\left(\boldsymbol{x}_{t+1} \mid \boldsymbol{x}_t^{(i)}\right) p\left(j^{(i)} \mid \boldsymbol{Z}_{1:t}\right)}{p\left(\boldsymbol{Z}_{t+1} \mid \boldsymbol{\mu}_{t+1}^{j^{(i)}}\right) p\left(\boldsymbol{x}_{t+1} \mid \boldsymbol{x}_t^{(i)}\right) p\left(j^{(i)} \mid \boldsymbol{Z}_{1:t}\right)} \\ &= \frac{p\left(\boldsymbol{Z}_{t+1} \middle| \hat{\boldsymbol{x}}_{t+1}^{(i)} \middle| t\right)}{p\left(\boldsymbol{Z}_{t+1} \mid \boldsymbol{\mu}_{t+1}^{j^{(i)}}\right)} \end{aligned} \tag{4-29}$$

对上式进行归一化，可得

$$\tilde{\boldsymbol{w}}_{t+1}^{(i)} = \frac{\boldsymbol{w}_{t+1}^{(i)}}{\sum_{i=1}^{N} \boldsymbol{w}_{t+1}^{(i)}} \tag{4-30}$$

二次加权计算完毕。

（3）根据归一化值计算有效样本尺度 $\hat{N}_{\text{eff}}$。

4.3.2　算法流程

后验粒子滤波算法流程如下，其流程图如图 4-5 所示。

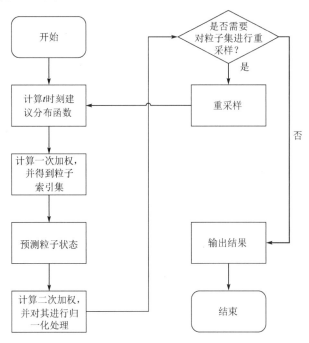

图 4-5　后验粒子滤波算法流程图

（1）初始化粒子集为 $\{\boldsymbol{x}_0^{(i)}\}_{i=1}^{N}$，权值为 $\tilde{\boldsymbol{w}}_0^{(i)} = \dfrac{1}{N}$，$i=1,2,\cdots,N$。

（2）在 t 时刻，基于 $\boldsymbol{u}_{t+1}^{j^{(i)}}$ 计算建议分布函数：

$$p\left(\boldsymbol{x}_{t+1}, j^{(i)} \mid \boldsymbol{Z}_{1:t+1}\right) \propto p\left(\boldsymbol{Z}_{t+1} \mid \boldsymbol{u}_{t+1}^{j^{(i)}}\right) p\left(\boldsymbol{x}_{t+1} \mid \boldsymbol{x}_t^{j^{(i)}}\right) p\left(j^{(i)} \mid \boldsymbol{Z}_{1:k}\right)$$

（3）计算 t 时刻的一次加权 $p\left(j^{(i)} \mid \boldsymbol{Z}_{1:k}\right) \propto p\left(\boldsymbol{Z}_{t+1} \mid \boldsymbol{u}_{t+1}^{j^{(i)}}\right) p\left(\boldsymbol{x}_{t+1} \mid \boldsymbol{x}_t^{j^{(i)}}\right)$，并得到粒子索引集 $\{j^{(i)}\}_{i=1}^{N}$。

（4）预测 $\hat{\boldsymbol{x}}_{t+1}^{(i)} = p(\boldsymbol{x}_{t+1} \mid \boldsymbol{x}_t^{j^{(i)}})$。

（5）计算二次加权 $\tilde{\boldsymbol{w}}_{t+1}^{(i)} = \dfrac{\boldsymbol{w}_{t+1}^{(i)}}{\sum_{i=1}^{N} \boldsymbol{w}_{t+1}^{(i)}}$。

（6）归一化处理，$w_{t+1}^{(i)} = \dfrac{p(\boldsymbol{Z}_{k+1}|\hat{\boldsymbol{x}}_{k+1}^{(i)})}{p(\boldsymbol{Z}_{k+1}|\boldsymbol{u}_{k+1})}$。

（7）判断是否需要对粒子集进行重采样。

（8）进入下一时刻。

4.4　实验与分析

本节基于统一的机器人模型、仿真环境和真实环境对 FastSLAM 算法和改进粒子滤波 SLAM 算法进行定位精度、建图效果的对比。

4.4.1　仿真环境中的算法对比

本节将在 ROS[71]上使用 FastSLAM 算法和改进粒子滤波 SLAM 算法进行仿真实验。仿真环境图如图 4-6 所示，在 Gazebo 上模拟世界坐标，将用立方体围成的 10m×5m 区域作为实验场地，场地内存在几个矩形障碍物。图 4-6 中的圆点为仿真环境中的机器人，机器人将从起始点出发，分别使用 FastSLAM 算法和改进粒子滤波 SLAM 算法进行仿真实验。机器人的激光传感器数据为 Gazebo 的模拟数据。用户可以在建图过程中在 Rviz 上实时查看建图效果。实验项包括算法的定位精度和建图效果。

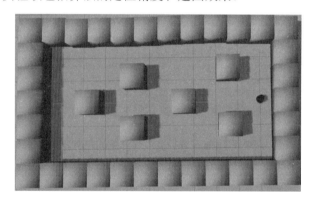

图 4-6　仿真环境图

图 4-7 所示为仿真环境中的建图过程，图 4-7（a）所示为仿真环境中使用 FastSLAM 算法的建图过程，图 4-7（b）所示为仿真环境中使用改进粒子滤波 SLAM 算法的建图过程。由图 4-7 可得，当使用 FastSLAM 算法建图时，激光传感器数据、仿真环境和已经建好的地图之间的匹配度较低，在地标较多处甚至出现重复建图情况；当使用改进粒子滤波 SLAM 算法建图时，在闭环检测之前相对比较稳定，有较高的鲁棒性，其激光传感器数据、仿真环境和已经建好的地图之间的匹配度远远高于 FastSLAM 算法。

（a）仿真环境中使用 FastSLAM 算法的建图过程　　　（b）仿真环境中使用改进粒子滤波 SLAM 算法的建图过程

图 4-7　仿真环境中的建图过程

表 4-1 所示为仿真环境中粒子数为 50 时的定位实验结果。结果显示，改进粒子滤波 SLAM 算法的定位精度的均方根误差小于 FastSLAM 算法。此结果说明改进粒子滤波 SLAM 算法的定位精度优于 FastSLAM 算法。

表 4-1　仿真环境中粒子数为 50 时的定位实验结果

算法	x 轴方向/m	y 轴方向/m	方向角/°
改进粒子滤波 SLAM 算法	0.0193	0.0232	0.0041
FastSLAM 算法	0.4114	0.5980	0.0344

图 4-8 所示为仿真环境中使用 FastSLAM 算法和改进粒子滤波 SLAM 算法创建的地图。图 4-8（a）所示为仿真环境中使用 FastSLAM 算法创建的地图，图 4-8（b）所示为仿真环境中使用改进粒子滤波 SLAM 算法创建的地图。由图 4-8 可得，使用 FastSLAM 算法创建的地图在闭环部分存在不重合的情况，虽然比闭环之前的建图效果好，但是在特征点较少的位置存在弯曲情况，总体来说建图效果不如改进粒子滤波 SLAM 算法。

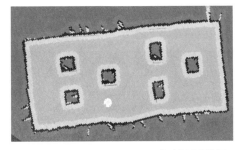
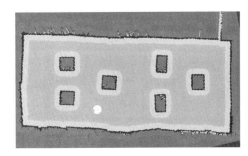

（a）仿真环境中使用 FastSLAM 算法创建的地图　　　（b）仿真环境中使用改进粒子滤波 SLAM 算法创建的地图

图 4-8　仿真环境中使用 FastSLAM 算法和改进粒子滤波 SLAM 算法创建的地图

4.4.2　真实环境中的算法对比

1）实验环境和先锋机器人平台

图 4-9 所示为本次实验使用的先锋机器人平台，其底盘采用两轮驱动设计，两个主动轮通过速度差控制方向。对两个主动轮的全局速度进行解耦，可以得到直线速度和角

速度。本次实验将使用 SICK 激光测距仪对底盘的直线速度和角速度数据分析对比算法效果。

图 4-9 本次实验使用的先锋机器人平台

实验环境为一个用凳子和电脑桌围起来的矩形场地。矩形场地中存在六个结构化的矩形障碍物，机器人的起点和终点分别位于矩形场地的左上角和右下角。

2）实验结果与评估

图 4-10 所示为真实环境中的建图过程。图 4-10（a）所示为真实环境中使用 FastSLAM 算法的建图过程，图 4-10（b）所示为真实环境中使用改进粒子滤波 SLAM 算法的建图过程。由图 4-10 可得，使用 FastSLAM 算法建好的地图中的非障碍物部分存在激光传感器数据，这说明机器人的定位和实际环境中的位置不匹配，并且地图存在歪斜，和实际环境的匹配度不高；相较而言，改进粒子滤波 SLAM 算法在闭环之前构建的地图和实际环境的匹配度更高，激光传感器数据和障碍物也基本重合，这说明改进粒子滤波 SLAM 算法的鲁棒性高于 FastSLAM 算法。

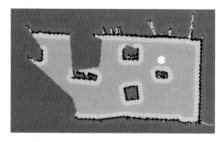 

（a）真实环境中使用 FastSLAM 算法的建图过程　　　　（b）真实环境中使用改进粒子滤波 SLAM 算法的建图过程

图 4-10 真实环境中的建图过程

图 4-11 所示为真实环境中使用 FastSLAM 算法和改进粒子滤波 SLAM 算法构建的地图。图 4-11（a）所示为真实环境中使用 FastSLAM 算法构建的地图，图 4-11（b）所示为真实环境中使用改进粒子滤波 SLAM 算法构建的地图。图 4-11 中散射出去的部分为环境中的空隙，由该图可知 FastSLAM 算法闭环后构建的地图和真实环境的匹配度小于使用改

进粒子滤波 SLAM 算法构建的地图，尤其是 FastSLAM 算法在终点位置的样本退化问题明显，而改进粒子滤波 SLAM 算法在终点位置的地图匹配度和其他位置基本相同，这说明改进粒子滤波 SLAM 算法可以降低样本退化的影响。

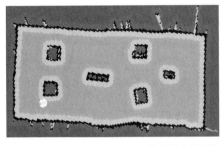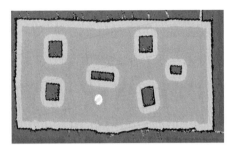

（a）真实环境中使用 FastSLAM 算法构建的地图　　　　（b）真实环境中使用改进粒子滤波 SLAM 算法构建的地图

图 4-11　真实环境中使用 FastSLAM 算法和改进粒子滤波 SLAM 算法构建的地图

表 4-2 所示为在真实环境中粒子数为 50 时的定位实验结果。结果显示，改进粒子滤波 SLAM 算法的定位精度的均方根误差小于 FastSLAM 算法，这说明改进粒子滤波 SLAM 算法的定位精度优于 FastSLAM 算法。

表 4-2　在真实环境中粒子数为 50 时的定位实验结果

算法	x 轴方向/m	y 轴方向/m	方向角/°
改进粒子滤波 SLAM 算法	0.0203	0.0162	0.0039
FastSLAM 算法	0.4215	0.6072	0.0453

4.5　本章小结

本章分析了基于 EKF-SLAM 算法和基于粒子滤波的 SLAM 算法及两种算法的局限性，并针对样本退化问题在重采样阶段引入了后验粒子滤波。通过在 ROS 仿真环境中分别使用 FastSLAM 算法和改进粒子滤波 SLAM 算法建图，对比了算法的定位精度和建图效果。实验验证了在重采样阶段引入后验粒子滤波能够有效缓解样本退化对算法的影响，从而实现更高的定位精度和更好的建图效果。

第 **5** 章

位姿 SLAM 在置信空间中的路径规划

5.1 引言

基于标准特征的实时定位与地图构建方法生成的概率置信网络不能直接用于路径规划。原因是在该方法产生的路标估计及其概率关系的稀疏图中无法寻找到无碰撞的导航路径。虽然由该方法构建的地图可以添加与障碍物或可穿越性相关的信息，但会增加算法的复杂性。此外，该算法产生的规划路径通常不会利用地图中编码的不确定性信息。相比之下，本章涉及的位姿 SLAM 图由于可以直接用作置信路径图[72]，因此可以用于不确定情况下的路径规划。本章介绍的方法通过在位姿 SLAM 图中搜索机器人累积的位姿不确定性最低的路径（到达目标点的最可靠路径）来设计最优导航策略。

除构建地图[73]或检查危险区域[74]等应用外，自主式机器人的最终目标不是构建地图，而是使用该地图进行导航。最初的 SLAM 算法[75]只能管理几十个地标，而现在最先进的 SLAM 算法可以有效管理数千个地标[76-78]，并能在数千米范围内构建地图[79]。然而，出于效率的考虑，大多数 SLAM 算法使用稀疏的特征集来表示环境。但是，这种表示方法不能直接用于无碰撞的路径规划，因为该表示方法既没有提供太多有关先前机器人安全穿越地图的路线信息，也没有提供有关障碍物性质的信息。这些稀疏的特征集可以用障碍物或可穿越性相关信息来扩充[80]，但是这样做会增加算法的复杂性。例如，第 3 章的遍历性地图需要通过位姿 SLAM 算法进行进一步处理，以获得体积地图。

部分运动规划算法已经解决了寻找到达远处路径的问题。然而，运动规划研究通常使用完美的环境模型，这样就可以完全了解机器人的配置。其中，最有效的算法是基于随机抽样的算法[81]。该算法随机采用无冲突配置，并在可能的情况下连接相邻样本，形成路径图。该路径图随后将被用于查找任意两个给定配置之间的路径。其他算法解决了优化此路径质量的问题，主要集中在缩短路径长度方面。

可以引入一些经典算法来处理环境模型、机器人配置、机器人动作效果或动作与测量结果中的不确定性。最符合 SLAM 随机性的算法是置信路径图[82]。在这种算法中，路径图的边缘需要被定义，包括遍历记录轨迹的不确定性变化信息。置信路径图的主要缺点是需要假设一个已知的环境模型，这在实际应用中通常是不可能实现的。本章的研究目标是克服置信路径图的局限性。由位姿 SLAM 算法[81]或任何其他延迟状态 SLAM 算法生成的地图都可以直接用作有效路径图。

在一个半自主场景中，先驱动机器人通过一组可能性最高的路径点，通过位姿 SLAM 图可以得出机器人在其所处环境区域内的无障碍路径图。无基础设施的自动导引车、工厂中分配材料或医院中输送药物的自动导引车[75]可以使用无障碍路径图进行导航。位姿 SLAM 算法对于前端传感器的型号是不做限制的，这有助于其应用在不同环境和不同类型的机器人中，并且存储在地图中的路径满足机器人控制器不容易建模的约束条件，如存在限制区域或沿规定路径的通行权。偏离这些路径可能会给机器人在工厂或医院进行其他操作带来不便。因此，这样的应用需要使用可以从一组先前遍历的机器人或其组合中适当选择正确路径的机器人。在这些情况下，只有当机器人能够在不迷路的情况下导航，即不需要操作员的干预时，机器人才能发挥作用。本章的研究解决了这个问题，并提供了从一个点到另一个点的最安全路径的实现方法。

使用位姿 SLAM 算法生成的地图进行路径规划如图 5-1 所示。

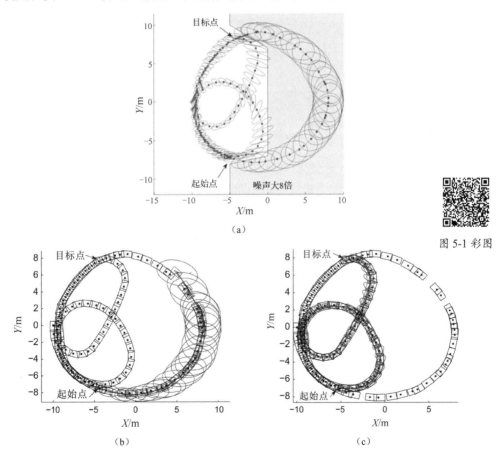

图 5-1 彩图

图 5-1　使用位姿 SLAM 算法生成的地图进行路径规划

图 5-1（a）所示为位姿 SLAM 图。右半圆表示估计的路径，左半圆表示通过记录不同位姿下的传感器读数建立的闭合回路约束。图 5-1（b）所示为置信空间中的算法产生的到达目标点的最短路径。图 5-1（c）所示为置信空间中的算法产生的通往目标点的最小不确定性路径。

在大多数情况下，任何两个位姿都是通过不同的路径连接的，但是可能出现位姿信息丢失的情况，特别是通过传感器获取了数据不可靠区域的路径，这意味着机器人在执行过程中偏离预定路径的风险会增加。机器人位姿信息丢失的最短路径区域的缩放视图如图 5-2 所示。本章将介绍使用位姿 SLAM 算法在置信空间中进行路径规划，以获得考虑路径不确定性的路径。该算法的核心思想是，环境中信息丰富的区域导致地图中的位姿具有较低的不确定性，因此可以仅考虑地图中已编码的预先算出的不确定性，从而选择经过可靠定位的安全区域的路径。

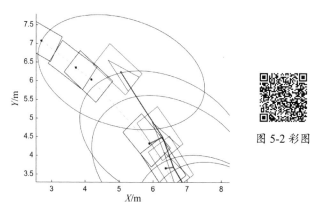

图 5-2 彩图

图 5-2　机器人位姿信息丢失的最短路径区域的缩放视图

从 SLAM 的角度来看，位姿 SLAM 算法是一种更加优化的算法，其将建图过程的输出用于路径规划，提供了一种生成置信路径图的方法，无须在预先定义的环境模型上进行随机采样。

本章结构安排如下：5.2 节介绍位姿 SLAM 路径规划算法的原理；5.3 节介绍位姿 SLAM 路径规划算法的实现；5.4 节为实验与分析，通过用四个数据集和一个真实的机器人进行机器人导航仿真实验，评估了本章提出的路径规划算法的性能；5.5 节为本章小结。

在最短路径上定位不当会导致机器人偏离下一个航路点，从而导致传感器信息获取失败。

5.2　位姿 SLAM 路径规划算法的原理

当前机器人正在寻找一条路径 $p = r_{1:T}$，该路径使机器人从当前位姿 $s_t = r_1$ 运动到目标位姿 $g = r_T$，并且该路径始终包含在位姿 SLAM 图中。在这项任务中，假设机器人自带一个局部规划器，该规划器使机器人能够自主运动到目标位姿附近。

此外，在这项任务中，只需要假设最大的似然动作和度量精度，这是在置信空间中进行路径规划时常做的假设[77]。经过一系列控制后，机器人的平均位姿估计值将为地图中节点的均值，并且观测值为先前在该位置获得的观测值。因此，路径规划算法只需要考虑地图中的位姿，就可以确保机器人不发生碰撞。

假设候选路径位于该图的顶部，机器人在执行路径之后，其最终的不确定性将接近该节点处的原始边缘位置。因此，成本函数只用于评估在目标点的置信状态是不合适的。本章的研究内容是确定可靠的路径，即机器人位姿信息丢失概率较低的路径。此处假设机器人位姿信息丢失概率与机器人定位中不确定性的提高直接相关，因为不确定性的降低会带来更好的路径跟踪效果。

本节将分四个阶段介绍实现确定可靠路径的相关内容。首先，提高位姿 SLAM 图的连通性，这样就可以考虑不同探索序列相结合的路径。其次，提出一种评估节点间转换不确定性的原则性方法。再次，用不确定性度量来定义路径的计算复杂度。最后，结合前面三个阶段，推导出位姿 SLAM 路径规划算法。

5.2.1　提高位姿 SLAM 图的连通性

位姿 SLAM 图的里程边缘初始化可用于路径的图形规划，同时允许局部规划器尝试连接到其他相邻位姿。通过这种方式，局部规划器可以在不同的探索序列之间进行切换，从而寻求一条最优路径。

由于包括额外链路的相邻节点彼此接近的概率很高，因此使用局部规划器即可获取最优路径。

为了确定获取最优路径的位姿，需要估计机器人从任意位姿 x_k 运动到其他位姿 x_i 的相对位移 d，并将相对位移 d 沿每个维度 t 的分布边缘化，以得到一维高斯分布 $N(\mu_t, \sigma_t^2)$，以算出位姿弯曲比 v_t 更接近位姿 x_k 维度的概率。如果对于所有维度而言，p_t 高于给定的阈值，就认为位姿 x_i 与位姿 x_k 足够接近。

位姿 SLAM 算法建图期间以对数时间计算每个位姿的邻域集，并将位姿信息放在组织树中。但是对于其他延迟状态系统，需要计算所有位姿对之间的边缘协方差矩阵和互相关函数，这种算法的计算较为复杂。

由此可见，这种算法会导致局部规划器的属性无法确定。因此，需要在配置空间当前位姿周围的矩形中搜索相邻位姿。如果有关于机器人的运动学约束，甚至机器人周围障碍物的分布情况，就可以把对相邻位姿的搜索缩小到更小的区域。例如，对于类似于汽车的机器人，可以将搜索对象集中在机器人前后的三角形区域中，因为这些区域包括运动学上可行的相邻位姿。又如，对于因障碍物检测传感器的布置只能安全向前移动的机器人，只需要检测该机器人前方的相邻位姿即可。在任何情况下，寻找邻域的大小都受到局部规划器准确性的限制，该准确性通常取决于里程计的读数。

边缘线与用于搜索邻域的位置和大小无关。只有当由局部规划器实施的运动学约束允许到达附近节点时，边缘线才能被添加到路径规划图中。尽管进行了上述操作，但局部路径在执行期间仍然可能不可行，这主要是由于存在障碍物。对此，可以通过从地图中删除有问题边缘并触发重新规划过程的方法来解决。

5.2.2 路径步长的不确定性

为了跟踪一条位姿 SLAM 图中的路径，机器人从初始估计位姿出发，根据路径中两个连续节点之间的相对运动约束，预测一个新的估计位姿。这样的跟踪算法将更新估计值，并记录当前传感器读取的新估计值，将当前传感器读取的新估计值更新为存储在相应地图节点中的读数。因此，计划路径中的每一对节点，如 r_{k-1} 和 r_k，都将匹配位姿 SLAM 图中的两个位姿，如 x_i 和 x_j。驱动机器人离开 r_{k-1} 运动到 r_k 工作的命令 u_k 及相关的运动噪声协方差矩阵 Σ_u 由局部规划器产生。在路径规划过程中，由于实际传感器读数不可用，因此假设机器人从 r_{k-1} 运动到 r_k 时，r_k 和 x_j 将重合，有 $Z_{kj} = r_k - x_j \sim N(0, \Sigma_{jj})$，其中 Σ_{jj} 为位姿 x_j 的边缘协方差矩阵。

为了评估机器人从 r_{k-1} 运动到 r_k 引入的不确定性变化，必须查看从 (r_{k-1}, r_k) 估计中获得的条件分布 $p(r_k | r_{k-1}, u_k, z_{kj})$，可以使用 EKF 算法[78]来获得这种估计。

机器人从节点 r_{k-1} 到节点 r_k 遍历链路的计算成本与节点 j 处的条件熵成正比，前提是节点 i 的完全置信度 $H(r_k | r_{k-1})$ 与高斯变换成正比，相应公式为

$$H(r_k | r_{k-1}) \propto \left| \overline{\Sigma}_{k,k} - \overline{\Sigma}_{k,k-1} \overline{\Sigma}_{k-1,k-1}^{-1} \overline{\Sigma}_{k-1,k} \right| \tag{5-1}$$

边缘项和互相关项从 $\overline{\Sigma}$ 中提取复合定位估计的协方差 $(r_k | r_{k-1})$。式（5-1）为机器人在路径执行过程中安全跟踪其位置能力的一种度量。为了计算式（5-1）中的边缘项和互相关项，需要跟踪机器人先前和当前的估计位姿 x_i 和 x_j。为此，可以利用 EKF 算法计算复合估计位姿 x_i 和 x_j。EKF 算法的特殊性在于，其边缘协方差矩阵在节点 j 处通过位姿 SLAM 图来更新。

然而，更进一步，这种不确定性可以更好地使用 EIF 来评估。对于 EIF，在预测步骤中将 $(r_{k-1} | r_k)$ 估计为 $N^{-1}(\overline{\eta}, \overline{\Lambda})$，将联合信息矩阵更新为[23]

$$\begin{bmatrix} \overline{\Lambda}_{k-1k-1} + F \Sigma_u^{-1} F^{\mathrm{T}} & -F^{\mathrm{T}} \Sigma_u^{-1} \\ -\Sigma_u^{-1} F & \Sigma_u^{-1} \end{bmatrix} \tag{5-2}$$

F（f 的雅可比系数）、r_{k-1} 按平均值计算，$\overline{\Lambda}_{k-1k-1}$ 从先前的 $\overline{\Lambda}$ 边缘化。

在校正步骤中，Z_{kj} 用于将信息矩阵更新为

$$\overline{\Lambda} = \begin{bmatrix} \overline{\Lambda}_{k-1k-1} + F \Sigma_u^{-1} F^{\mathrm{T}} & -F^{\mathrm{T}} \Sigma_u^{-1} \\ -\Sigma_u^{-1} F & \Sigma_u^{-1} + \Sigma_{jj}^{-1} \end{bmatrix} \tag{5-3}$$

r_k 的不确定性在 r_{k-1} 完全可信的情况下可评估为

$$H\left(\boldsymbol{r}_k \mid \boldsymbol{r}_{k-1}\right) \propto \frac{1}{\left|\overline{\boldsymbol{\varLambda}}_{k|k-1}\right|} \tag{5-4}$$

式中，$\overline{\boldsymbol{\varLambda}}_{k|k-1}$ 为条件 $p\left(\boldsymbol{r}_k \mid \boldsymbol{r}_{k-1}, \boldsymbol{u}_k, \boldsymbol{Z}_{kj}\right)$ 的信息矩阵 $\overline{\boldsymbol{\varLambda}}$。

由于信息形式中的条件化与协方差形式中的边缘化是双重的，因此不必计算跟踪器的状态协方差和分解补码来调节协方差。因此，使用 EIF 估计，式（5-4）只需要计算

$$U_k = \frac{1}{\left|\boldsymbol{\Sigma}_u^{-1} + \boldsymbol{\Sigma}_{jj}^{-1}\right|} \tag{5-5}$$

假设 $\boldsymbol{\Sigma}_u$ 是非退化的，因此式（5-5）中的行列式永远不会是空的，并且 U_k 总是明确的。需要注意的是，这里使用的不确定性变化的度量是从协方差矩阵的行列式中得出的，该行列式与 $p\left(\boldsymbol{r}_k \mid \boldsymbol{r}_{k-1}, \boldsymbol{u}_k, \boldsymbol{Z}_{kj}\right)$ 的熵有关，最终与该矩阵定义的不确定性超椭球有关。在不影响总体路径规划算法的情况下，该行列式也可以使用基于路径的不确定性度量。

这种不确定性度量是独立于该步骤中机器人的估计姿态计算出来的，因此，式（5-5）不必通过实际实现 EIF 来跟踪路径。这并不意味着机器人位姿必须与优化位姿 SLAM 图中预先存在的位姿相同，而是只需要考虑最大似然行为和不确定性度量，信息增益的计算与当前有效信息无关。这一点特别适用于允许以不同的初始置信值进行路径规划的场景。此外，只要图形不发生变化，就可以从位姿 SLAM 图中预先计算出所有变换的不确定性度量，并重新用于规划不同的路径。

5.2.3　沿路径的最小不确定性

本章提出使用成本函数来确定局部化过程中累积的相对不确定性。原则上，只有不确定性的增量对局部化效果才会有影响。这是由于任何不确定性的降低都可能导致更好的估计值。因此，寻找累积最小不确定性的路径可以看作在机器人位姿空间的不确定性曲面中搜索最合适的路径，其中路径步长的不确定性由 5.2.1 节介绍的准则计算。

给定一个离散路径 $\boldsymbol{p} = \boldsymbol{r}_{1:T}$，将其在不确定性曲面上的路径定义为单个步骤成本的正增量之和。

$$W\left(\boldsymbol{r}_{1:T}\right) = \sum_{k=2}^{T} \Delta U_k^+ \tag{5-6}$$

$$\Delta U_k^+ = \begin{cases} \Delta U_k, & \Delta U_k > 0 \\ 0, & \Delta U_k \leqslant 0 \end{cases} \tag{5-7}$$

$$\Delta U_k = U_k - U_{k-1} \tag{5-8}$$

式中，$U_1 = 0$，将路径第一步的不确定性包括在 W 中。注意，机器人的初始不确定性不包括在 W 中，因为这会导致所有备选路径的成本恒定偏移。此外，由于结果是非负的，因此建图过程中的每个可到达节点都有一条不循环的最小路径。

这种方法更适用于不确定性变化较大的较短路径，但不适用于不确定性变化较小的较

长路径，从而避免了在大轨迹上因丢失细节而导致的误差累积。因此，这种方法是一种充分平衡路径长度和不确定性变化的机制。

5.3 位姿 SLAM 路径规划算法的实现

为了找到最优路径，Dijkstra 算法使用 5.2.3 节定义的计算函数实现。基于位姿 SLAM 的路径规划算法参见算法 5.1。该算法实现了在一个位姿 SLAM 图中对跟踪路径间最小不确定性路径的搜索。该算法将位姿 SLAM 图 M 和目标节点 g 作为输入，并将 g 假定为 M。若无法得出 g 的值，则将图中距离 g 最近的位姿（在置信空间中）作为目标节点。先初始化集合 Q 中的节点并为每个节点的路径建立初始代价 W，为每个节点建立一个伪前导 V。然后将达到初始配置的成本设置为 0。在成本为 0 的节点处，算法进入一个循环，直到达到目标节点或对开始配置的可到达区域实现完全探索为止。在循环的每次迭代中，提取从 Q 开始具有最小代价的节点 i。如果这不是目标节点，将对节点 i 的相邻节点执行宽度优先搜索。算法 5.1 给出的程序可以确定相邻节点，该程序考虑了位姿估计中的不确定性。对于每个可能的相邻节点间的转换，可以使用局部路径规划算法来确定转换是否可行，并计算预期的运动不确定性。计算从节点 i 到节点 j 运动的不确定性增量。如果该增量为正，就将其添加到路径成本中。否则，此步骤不会对整个路径成本产生影响。如果到节点 j 的新路径的成本在某一刻之前低于最优路径，那么更新到达节点 j 的成本，将节点 i 设置为节点 j 的前身，并存储到节点路径的成本。对于成本相等的路径，较短的路径是首选。并且由于单个步骤的成本是非负的，所以考虑的路径不包括周期。如果达到了目标节点，那么使用存储在伪前导 V 中的前导节点的链路重构到目标节点的最小不确定性路径。如果从开始配置中确定目标节点不可到达，那么返回空路径。

算法 5.1 位姿 SLAM 路径规划算法

位姿 SLAM 路径规划 (M, g)

输入：M：位姿 SLAM 图

　　　g：目标节点

输出：p：到达 g 的最小不确定路径

1. $Q \leftarrow M$ 位姿

2. 对于所有 $n \in Q$

3. $\begin{cases} W[n] \leftarrow \infty \\ V[n] \leftarrow 0 \end{cases}$

4. $s_t \leftarrow M$ 当前位姿

5. $W[s_t] \leftarrow 0$

6. $U[s_t] \leftarrow 0$

---

7. 重复进行

　　8. $i \leftarrow \text{EXTRACTMIN}(Q, M)$

　　9. 假如 $i \neq g$ 且 $W[i] \neq \infty$

　　10. $N \leftarrow \text{NEIGHBORS}(M, i)$

　　11. 对于所有 $j \in N$

　　12. $(u, \Sigma_u) \leftarrow \text{LOCALPLANNER}(x_i, x_j)$

　　13. 假如 $u \neq 0$ 则 $\Sigma_{jj} \leftarrow \text{MARGINALCOVARIANCE}(M, j)$

　　14. $U = \dfrac{1}{\left| \Sigma_u^{-1} + \Sigma_{jj}^{-1} \right|}$

　　15. 假如 $\Delta U > 0$ 则 $W' = W[i] + \Delta U$

　　16. 否则 $W' = W[i]$

　　17. 假如 $W' < W[i]$ 则
$$\begin{cases} W[j] \leftarrow W' \\ V[j] \leftarrow i \\ U[j] \leftarrow U \end{cases}$$

18. 直到 $i = g$ 或 $W[i] = \infty$ 或 $Q = 0$

19. $p \leftarrow 0$

20. 假如 $i = g$

21. $\begin{cases} c \leftarrow g \\ \text{当} c \neq 0 \text{时} \begin{cases} p \leftarrow \{c\} \cup p \\ c \leftarrow V[c] \end{cases} \end{cases}$

22. 返回 p 值

在不考虑恢复边缘协方差代价的情况下，该算法的渐进代价为 $O(e \log 2n)$，e 为地图中的边数（相邻节点对的数目）；n 为地图中的节点数。此外，还假设将节点组织成一棵树，以便可以对数确定相邻节点。如果线性执行此搜索，那么渐进代价将增加到 $O(en \log n)$。

在规划路径时，不需要保持定位估计值，但仍然需要模拟地图的记录，为此需要获得协方差矩阵的对角线块。当使用位姿 SLAM 算法时，这些对角线块是直接可用的，但在其他算法中并非如此。在这些情况下，计算边缘协方差矩阵的最有效方法是在开始计划之前对整个信息矩阵进行转置。利用稀疏超节点楚列斯基分解信息矩阵，可以有效地将信息矩阵转化为稀疏超节点。然而，对于大规模情况，这种算法的计算复杂度很高，需要使用马尔可夫毯来获得边缘协方差矩阵的近似值。

如果地图在路径执行过程中发生显著变化（发现一个包含很大新信息量的环形闭合），那么位姿 SLAM 算法将执行完整的状态更新并重新规划路径。

5.4 实验与分析

本节将用四个数据集和一个真实的机器人进行机器人导航仿真实验，以评估本章提出的路径规划算法的性能。这些数据集采用 MATLAB 仿真实现。在实际的机器人导航仿真实验中，先锋机器人使用 ROS[40]实现。

5.4.1 合成数据集实验

第一个实验模拟仿真了一个机器人在多个路径上沿给定路径运动的过程。在本次实验中，机器人运动由第一个里程计传感器测量，该传感器的误差为 x 轴方向和 y 轴方向位移的 5%，方向为 0.0175rad。模拟第二个里程计传感器在 x 轴方向±1.25m、y 轴方向±0.75m 和 z 轴方向±0.26rad 范围内的任意两个位姿之间建立链路，噪声协方差矩阵为 $\Sigma_z = \mathrm{diag}\left(0.2\mathrm{m}, 0.2\mathrm{m}, 0.009\mathrm{rad}\right)^2$。将机器人位姿的初始不确定性设置为 $\Sigma_0 = \mathrm{diag}\left(0.1\mathrm{m}, 0.1\mathrm{m}, 0.09\mathrm{rad}\right)^2$。令 $s = 0.1$，检测附近的位姿，以免丢失任何相邻数据。将最小信息增益 γ 设置为 3nats。

图 5-1（a）显示了由位姿 SLAM 算法估计得到的最终地图。阴影区域表示在更严格的导航条件下，里程计和环路闭合误差增加了 8 倍。这个噪声较大的区域模拟了一部分环境，在该环境中位姿间的约束很难建立。

在使用位姿 SLAM 算法构建地图后，机器人规划了一条从地图节点中选择的特定目标路径。图 5-1（b）显示了使用最短路径准则到达目标点的轨迹，图 5-1（c）显示了使用最小不确定性准则避开了环境中噪声较大的区域的情况。

图 5-3 所示为仿真实验中沿最短路径和最小不确定性路径的累积成本。最短路径的累积成本显著大于最小不确定性路径的累积成本。因此，按照最小不确定性路径，机器人可以更好地沿着路径进行定位，从而减少阻碍。图 5-4 所示为蒙特卡洛定位仿真。机器人在沿最短路径行驶时位姿信息丢失，通过最短路径导航只完成了目标路径的 45%，而

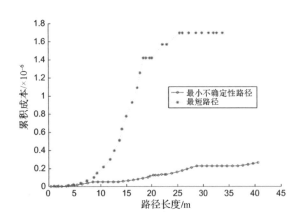

图 5-3　仿真实验中沿最短路径和最小不确定性路径的
累积成本

在最小不确定性路径上，由于路径避开了环境中噪声较大的区域，因此机器人最终导航到达了目的地。最小不确定性路径保证了定位过程中路径的顺利完成。

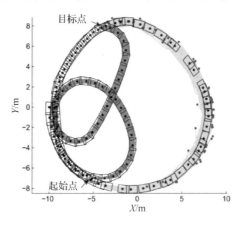

图 5-4　蒙特卡洛定位仿真

5.4.2　室内数据集实验

为了验证算法在室内环境中的性能，本节选择了一个公开数据集进行仿真实验[40]。该数据集包括 26915 个里程计数据和 13631 个激光传感器数据。激光传感器数据用于生成里程计数据，并通过使用 ICP 算法校准环路闭合。在这种情况下，只有在 x 轴和 y 轴方向±1 m，在 z 轴方向±0.35rad 的范围内的姿态间的连接才是可靠的。当阈值 $s = 0.1$ 时，位姿也用于确定相邻位姿。机器人的里程计数据和激光传感器数据的噪声协方差矩阵 $\Sigma_u = \mathrm{diag}\left(0.05\mathrm{m}, 0.05\mathrm{m}, 0.03\mathrm{rad}\right)^2$ 和 $\Sigma_z = \mathrm{diag}\left(0.05\mathrm{m}, 0.05\mathrm{m}, 0.009\mathrm{rad}\right)^2$ 用于建模，最小信息增益分别为 $\gamma = 4.5\mathrm{nats}$。公开数据集上的路径规划如图 5-5 所示。

图 5-5（a）所示为用编码器里程计和激光扫描建立的位姿 SLAM 图。箭头表示机器人的最终位姿，椭圆表示 95%置信水平下的相关协方差。图 5-5（b）所示为在配置空间中进行的路径规划，并在位姿 SLAM 图上获得的通往目标点的最短路径。图 5-5（c）所示为在置信空间中进行路径规划获得的通往目标点的最小不确定性路径。

在如图 5-5（a）所示的位姿 SLAM 图上规划了算法的起始点，目标点位于地图的另一侧。图 5-5（b）和图 5-5（c）显示了两个位姿间的最短路径和最小不确定性路径。最短路径到目标点的明显偏移是由于机器人必须在路径末端执行一个 180°转弯以与目标点对齐导致的（机器人的运动学约束条件不允许在方向上突然变化）。

图 5-6 所示为室内仿真实验中最短路径和最小不确定性路径的累积成本与路径长度的关系。由图 5-6 可得，最短路径的累积成本大于最小不确定性路径的累积成本。因此，机器人遵循最小不确定性路径即可实现定位，代价是要沿着更长一点的路径导航。

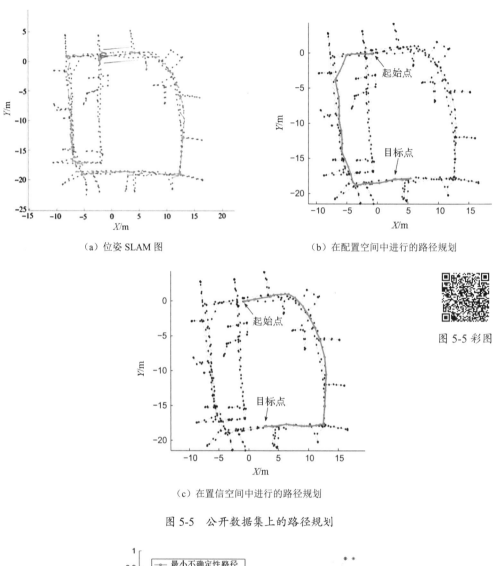

（a）位姿 SLAM 图　　　　　　　　（b）在配置空间中进行的路径规划

图 5-5 彩图

（c）在置信空间中进行的路径规划

图 5-5　公开数据集上的路径规划

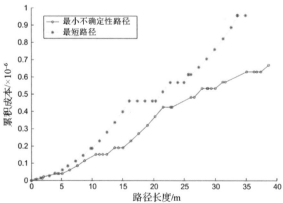

图 5-6　室内仿真实验中最短路径和最小不确定性路径的累积成本与路径长度的关系

通过如图 5-7 所示的路径规划的执行时间可知，执行时间随位姿数的变化而变化。该算法最复杂的步骤是恢复边缘协方差矩阵，因此采用以下策略将其恢复：在路径规划过程中根据需要恢复整体 Σ 并按列进行恢复。图 5-7 中的恢复时间对应曲线显示了恢复边缘协方差矩阵所需的执行时间，执行时间对应曲线显示了算法所需执行时间。从图 5-7 中可以看出，增加内存空间可使恢复整个矩阵的计算效率更高。相反，在重复计算过程中对矩阵列进行实时的计算会降低路径规划算法的性能。当发现地图的边缘不可遍历时，重新规划路径的执行成本降低，其值为图 5-7 中的恢复时间对应曲线和执行时间对应曲线间的差值，因为地图不会改变，所以不需要重新计算边缘协方差矩阵。

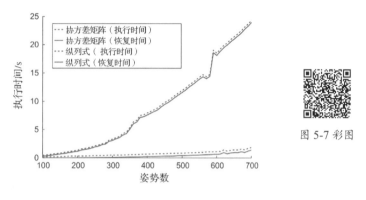

图 5-7　路径规划的执行时间

5.4.3　大规模数据集

为了验证本章提出的路径规划算法的可伸缩性，选取一个更大范围的地图进行仿真实验，其中内存空间是一个约束条件。本节使用曼哈顿数据集进行路径规划，该数据集包括 10000 多个位姿。在本次仿真实验中，将机器人里程计和相对位姿测量的噪声协方差矩阵设置为 $\Sigma_u = \Sigma_z = \mathrm{diag}\left(0.05\mathrm{m}, 0.05\mathrm{m}, 0.03\mathrm{rad}\right)^2$，将相邻位姿的阈值设置为 $s = 0.1$，以检测机器人周围 x 轴方向 $\pm 8\mathrm{m}$、y 轴方向 $\pm 8\mathrm{m}$、z 轴方向 $\pm 1\mathrm{rad}$ 构成的矩形区域，并在信息增益大于 9nats 的位姿之间加入连接。

图 5-8 所示为曼哈顿数据集上的路径规划。本次仿真实验中沿最短路径和最小不确定性路径的累积成本如图 5-9 所示。

对于曼哈顿数据集，利用已使用的计算资源进行全矩阵恢复是不可行的，并且按列进行边缘计算实际上是缓慢的，因此使用马尔可夫毯近似边缘协方差矩阵。该方法只考虑子图来近似给定位姿的边缘协方差矩阵与马尔可夫毯近似边缘协方差矩阵直接相连的位姿，通常很小。使用马尔可夫毯近似边缘协方差矩阵得到的最小不确定性路径的累积成本明显优于最短路径，路径长度仅略有增长。在这种情况下，计划时间为 122s，考虑到算法是在 MATLAB 中实现的，并且曼哈顿数据集包括 10000 多个位姿，因此这是合理的。由以上分析可得，即使计算资源是受到约束的，但本章提出的路径规划算法仍然可以在最优传感器配准区域用于规划机器人的最优路径，代价可能是最终路径质量下降。

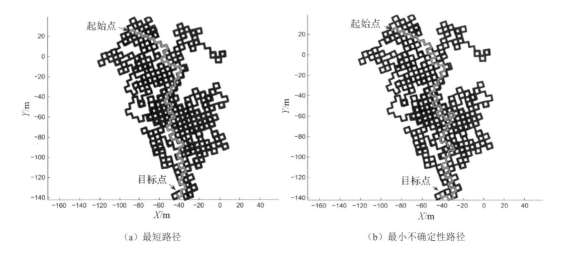

（a）最短路径　　　　　　　　　（b）最小不确定性路径

图 5-8　曼哈顿数据集上的路径规划

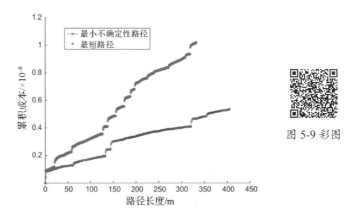

图 5-9 彩图

图 5-9　本次仿真实验中沿最短路径和最小不确定性路径的累积成本

图 5-8（a）所示为在配置空间中进行路径规划，并在位姿 SLAM 图上获得的通往目标点的最短路径。图 5-8（b）所示为在置信空间中进行路径规划，并在位姿 SLAM 图上获得的通往目标点的最小不确定性路径。

为了分析使用马尔可夫毯近似边缘协方差矩阵的影响，重复使用曼哈顿数据集进行仿真实验，但是这些仿真实验只使用了包含前 2700 个位姿的曼哈顿数据集的子集，这是为了便于将马尔可夫毯近似边缘协方差矩阵与精确边缘协方差矩阵的计算进行比较。图 5-10 所示为曼哈顿数据集的部分路径规划结果。使用马尔可夫毯近似边缘协方差矩阵可将路径规划时间缩短 50%，且几乎不会改变获得的路径。图 5-10（a）所示为在配置空间中进行路径规划，并在位姿 SLAM 图上获得的通往目标点的最短路径。图 5-10（b）所示为在置信空间中进行路径规划，并在位姿 SLAM 图上获得的通往目标点的最小不确定性路径。图 5-10（c）所示为使用马尔可夫毯近似边缘协方差矩阵时计算出的通往目标点的最小不确定性路径。图 5-11 所示为本次仿真实验的累积成本。由图 5-11 可知，当使用马尔可夫毯近似边缘协方差矩阵时，路径长度和累积成本是精确边缘协方差矩阵和最短路径之间的一种权衡。

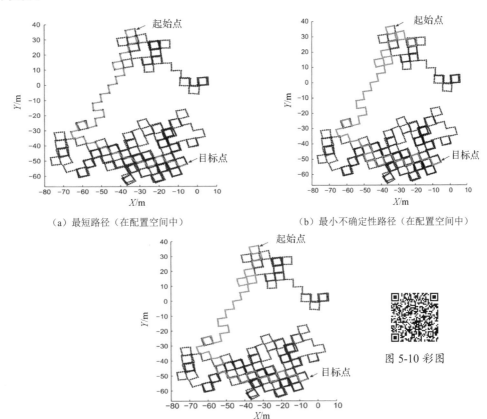

（a）最短路径（在配置空间中）　　　　（b）最小不确定性路径（在配置空间中）

（c）最小不确定性路径（马尔可夫毯近似边缘协方差矩阵）

图 5-10　曼哈顿数据集的部分路径规划结果

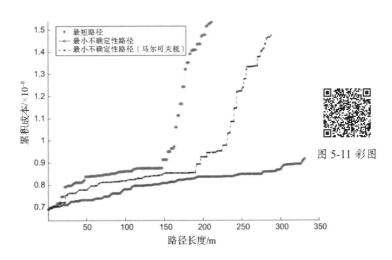

图 5-11　本次仿真实验的累积成本

5.4.4 密集三维建图数据集

本节的仿真实验展示了本章提出的路径规划算法使用距离数据在密集三维地图上规划最小不确定性路径的应用，如图 5-12 所示。

实验数据从某大厦的内部广场上获得，该大厦占地面积为100m×40m，是有各种地形（如砾石、泥土、草地）和坡道的矩形区域。本次仿真实验使用的机器人是一台配备定制激光扫描仪的先锋机器人。机器人平台如图 5-13 所示。激光扫描仪每次聚合激光扫描为194500 个点，分辨率为 0.5° 方位角和 0.25° 仰角，探测距离为 30m，噪声级为 5cm，所构建的位姿 SLAM 图包含 30 个密集点云，连续位姿之间的最大间隔为 18m。

图 5-12　规划最小不确定性路径的应用　　　　图 5-13　机器人平台

传感器的数值分析是通过将距离扫描与 ICP 分层对齐来计算的。本次仿真实验会使用35cm 的体素对点云进行均匀二次采样，并使用密度策略去除噪声。

若通过计算 ICP 点对点无约束极小化的雅可比隐函数，用一阶误差传播近似传感器协方差，则有两种因素使这种计算不太理想，第一种因素是只是一阶近似，因此计算效果一般；第二种因素是针对点对点误差度量制定，而 ICP 算法通过使用点到平面的分层结构来优化粗粒度级别的点对面误差度量和细粒度级别的点对点误差度量，因此 ICP 算法中旋转和平移的权重不同。本节的仿真实验证明 Σ_y 具有足够的计算精度，并且不会影响其他方法。

本节的仿真实验采用六自由度位姿 SLAM 算法实现。由此产生的三维位姿 SLAM 图如图 5-14 所示。三维位姿 SLAM 图的二维投影如图 5-15 所示。图 5-15 中包含一种情况，即位移太大，无法进行传感器记录。在这种情况下，地图中的连接完全是用机器人平台里程计数据和恒定噪声协方差来更新的，相应公式如下：

$$\Sigma_u = \mathrm{diag}\left(0.0158\mathrm{m}, 0.0158\mathrm{m}, 0.0791\mathrm{m}, 0.0028\mathrm{rad}, 0.0028\mathrm{rad}, 0.0001\mathrm{rad}\right)^2$$

初始位姿的协方差可设置为

$$\Sigma_0 = \mathrm{diag}(0.01\mathrm{m}, 0.01\mathrm{m}, 0.01\mathrm{m}, 0.0087\mathrm{rad}, 0.0087\mathrm{rad}, 0.0087\mathrm{rad})^2$$

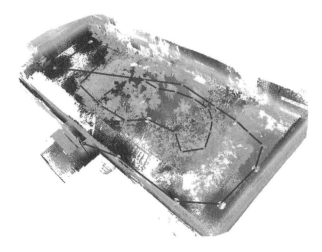

图 5-14　三维位姿 SLAM 图

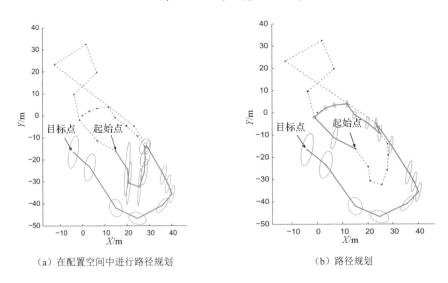

（a）在配置空间中进行路径规划　　　　　　　　　　（b）路径规划

图 5-15　三维位姿 SLAM 图的二维投影

在路径规划过程中，由于距离传感器具有全向特性，x 轴方向上与 y 轴方向上相邻位姿的关联阈值为 ±5m，并且没有方向限制。在三维位姿 SLAM 图的二维投影上执行路径搜索，将 x、y 和 θ 从全状态向量和状态协方差中边缘化，从而计算代价函数和其他路径规划相关例程。

规划一条从广场中心到大厦出口的最小不确定性逃生路线。在配置空间的一个平面图中找到的逃生路线的最短路径长度约为 130m，但它有一个缺点，即从一开始就沿 x 轴和 y 轴方向具有高度相关的定位不确定性，如图 5-15（a）所示，如预测不确定性的超椭球体。机器人走这条路可能会迷路。

更安全的路径是在置信空间中搜索的路径，该路径长度约为 160m，但在路径执行过程中，传感器数据分析的可靠性更高，因此整个路径的定位估计也很好，如图 5-15（b）所示。图 5-16 所示为最短路径和最小不确定性路径的累积成本及相应的路径长度。

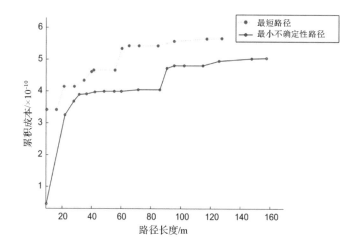

图 5-16 最短路径和最小不确定性路径的累积成本及相应的路径长度

5.4.5 真实机器人导航

为了在真实条件下验证本章提出的路径规划算法的性能，本节的仿真实验中使用如图 5-13 所示的机器人平台在不平坦地面和沙地的室外场景中进行自主导航。这与 5.4.4 节的仿真实验中的情况完全相同。然而，本节的仿真实验的目标是执行本章提出的算法计算的路径。与 5.4.3 节的仿真实验相比，本节的仿真实验使用的是二维激光扫描数据而不是更丰富的三维密集扫描数据进行建图与导航，进一步提高了实验的复杂性。

利用航位推算读数和超过 150m 的激光扫描仪获取数据，构建位姿 SLAM 图。激光读数通过使用 ICP 算法进行校准来确定环路闭合。使用的局部规划器基于 ROS 中的动态窗口方法。图 5-17 所示为由位姿 SLAM 算法估计的路径，图中的点线表示估计的路径，实线表示通过在非连续位姿下记录扫描值建立的循环闭合约束。

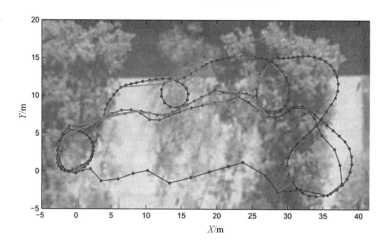

图 5-17 由位姿 SLAM 算法估计的路径

利用位姿 SLAM 图可计算连接两个机器人配置的最短路径和最小不确定性路径，如图 5-18 所示。在路径规划中，将最小信息增益设置为 1.5nats、$s=0.1$，将附近位姿的阈值设置为 x 轴方向±4.5m、y 轴方向±4.5m、z 轴方向±1.04rad。

最短路径如图 5-18（a）所示，机器人进入不平坦地面和沙地。崎岖的地形导致激光偶尔指向土壤，传感器读数的记录因此变得复杂，并且沙地造成机器人打滑，影响了车轮里程计。这两种情况都会导致一个具有更高不确定性的位姿 SLAM 图的生成。

用本章提出的算法计算得到最小不确定性路径，如图 5-18（b）所示，避开了这个区域。因为拥有更好的传感器数据记录和更可靠的里程计，所以该路径遍历地图不确定性较低的环境均匀区域。

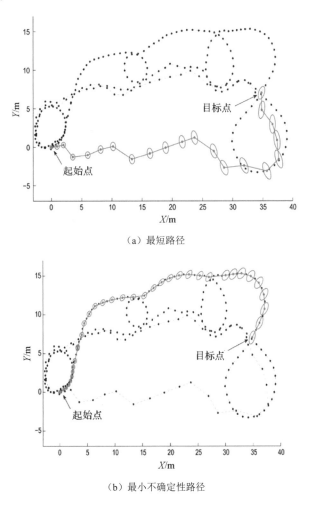

（a）最短路径

（b）最小不确定性路径

图 5-18　连接两个机器人配置的最短路径和最小不确定性路径

图 5-19 所示为实际机器人在实验中沿最短路径和最小不确定性路径的累积成本。可以注意到，最小不确定性路径只比最短路径长约 9m。在本节的仿真实验中，计算路径规划的总时间为 6.5s，比执行计划所需的 12min 要短得多。

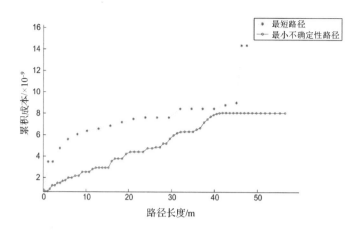

图 5-19 实际机器人在实验中沿最短路径和最小不确定性路径的累积成本

为了验证路径规划算法的假设在实际条件下是否成立，本节的仿真实验用机器人执行了 5 次最短路径和最小不确定性路径，得到的轨迹如图 5-20 所示。执行最短路径的轨迹如图 5-20（a）所示。在这种情况下，机器人在任何实验中都无法达到目标点。相反，在图 5-20（b）中，最小不确定性路径的执行使机器人在所有实验中均能安全到达目标点，误差为 0.5～1.7m。

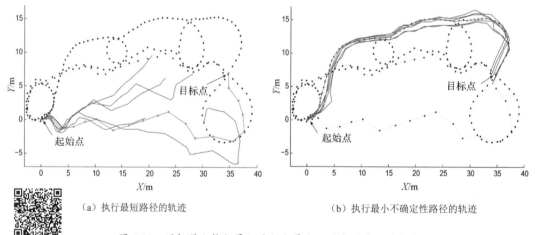

（a）执行最短路径的轨迹   （b）执行最小不确定性路径的轨迹

图 5-20 用机器人执行最短路径和最小不确定性路径的轨迹

图 5-20 彩图

5.4.6 基于图优化的 SLAM 算法的路径规划

本章提出的路径规划算法可以直接用于计算由其他 SLAM 算法构建的地图中的最小不确定性路径。本节将对使用这种算法计算出来的不同路径进行比较。这些路径是由位姿 SLAM 和两种基于图优化的 SLAM 算法构建的，具有相同的起始点和目标点。本节的仿真实验，采用的是 GTSAM 算法和 G2O（General Graph Optimization，通用图优化）算法。

GTSAM 算法可实现滤波与建图（Smoothing and Mapping，SAM），该算法是使用因子图和贝叶斯网络，而不是使用稀疏矩阵作为基础计算参数。本节的仿真实验使用了

GTSAM MATLAB 工具箱。同样，G2O 算法用于优化基于图的非线性误差函数，其利用的是图的稀疏连通性和在应用程序中经常出现的图的特殊结构，适用于 SLAM。

本节的仿真实验将利用曼哈顿数据集构建的地图规划路径，其中曼哈顿数据集包含 3500 个位姿，这些位姿包含在 G2O 分布中。在这样的数据集中，机器人测距和相对位姿测量的噪声协方差为 $\boldsymbol{\Sigma}_u = \boldsymbol{\Sigma}_z = \mathrm{diag}\left(0.1495\mathrm{m}, 0.1495\mathrm{m}, 0.1495\mathrm{rad}\right)^2$，将检测相邻位姿的阈值设置为 $s = 0.1$，在以 x 轴±8m、y 轴±8m 和角度±1rad 的机器人周围的矩形中进行搜索。仅在信息增益超过 9nats 的位姿之间合并链路。

图 5-21 所示为利用位姿 SLAM 算法、GTSAM 算法和 G2O 算法规划的置信空间。利用位姿 SLAM 算法、GTSAM 算法和 G2O 算法沿最小不确定性路径的累积成本如图 5-22 所示。由图 5-21 可知，三种算法的最终路径是相似的。由图 5-22 可知，三种最小不确定性路径之间的区别可以通过从每种 SLAM 算法获得的估计姿态边际差异及在所有仿真实验中使用相同的检测相邻位姿阈值来解释。也就是说，使用不同的协方差估计，在路径搜索中连接了不同的点。由于本次仿真实验使用 5.2.2 节描述的目标位姿边缘协方差来计算路径步长的不确定性，因此图 5-22 中的最终累积成本有明显差异。

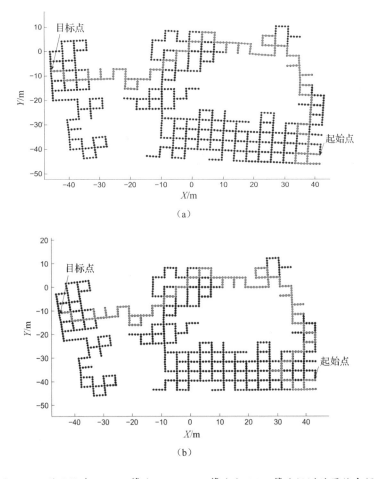

（a）

（b）

图 5-21　利用位姿 SLAM 算法、GTSAM 算法和 G2O 算法规划的置信空间

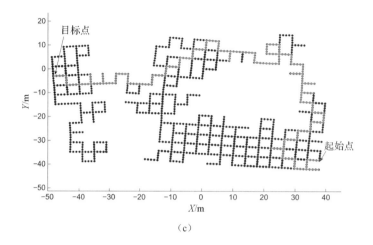

（c）

图 5-21 利用位姿 SLAM 算法、GTSAM 算法和 G2O 算法规划的置信空间（续）

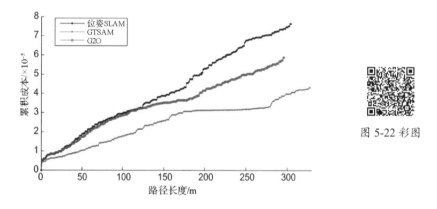

图 5-22 彩图

图 5-22 利用位姿 SLAM 算法、GTSAM 算法和 G2O 算法沿最小不确定性路径的累积成本

　　获得这种边缘协方差差异的主要原因是每种 SLAM 算法中优化图的方式及恢复每种边缘的方式不同。一般来说，在图形 SLAM 算法（实验中的 G2O 算法和 GTSAM 算法）的每次迭代中，先前的解均用作雅可比线性化点，而位姿 SLAM 算法则使用单个点，因此获得的精确协方差估计较少。总之，尽管在这三种情况下获得了不同的不确定性值，但在所有姿态估计中，这种差异大致相同。也就是说在三张图中具有较高不确定性和较低不确定性的区域大致相同，获得了相似的最小不确定性路径。

　　可以注意到，本章提出的路径规划算法可以直接用于计算由其他 SLAM 算法构建的地图中的最小不确定性路径。虽然使用不同的 SLAM 算法（即使使用相同的测量值）构建的同一环境的地图可能有所不同，但是本章中的路径规划算法可用于将机器人引导至此类地图中的最小不确定性区域，从而可以实现在执行路径规划时更好地定位机器人。

5.5 本章小结

由位姿 SLAM 算法构建的地图可以直接用作有效路径图，该地图可以用来规划低不确定性路径，无须进行进一步处理，也无须增加额外的信息。此外，本章已经实现了利用位姿 SLAM 算法边缘化传感器读数，因此该算法可用于任何类型的传感器。使用位姿 SLAM 算法构建的地图可以在置信空间中规划获得到远程位置的路径，该路径考虑了路径沿线的不确定性。该算法旨在从已经构建完成的地图场景中自动引导机器人。

第 **6** 章

RRT*路径规划算法

6.1 引言

传统的路径规划算法有人工势场法、模糊规则法、遗传算法、神经网络、模拟退火算法、蚁群优化算法等[83]，这些算法不能很好地测量给定位姿在导航空间和另一个位姿之间的距离，实现高效智能的导航。对于具有非完整约束的机器人，在笛卡儿坐标系中广泛使用的欧几里得距离显然不能满足条件度量的标准，因为它无法捕获约束，也无法反映系统的真实运行成本。本章研究了一种基于快速扩展随机树（RRT*）的路径规划算法。该算法不需要对机器人所在的三维环境进行完全采样，只需要计算世界坐标中点冲突的概率，就能有效解决高维空间和复杂约束的路径规划问题。

本章结构安排如下：6.2 节介绍 RRT*路径规划算法的基本原理；6.3 节介绍 RRT*路径规划算法的局限性；6.4 节介绍改进 RRT*路径规划算法；6.5 节为实验与分析，包括仿真环境和真实环境中的实验；6.6 节为本章小结。

6.2 RRT*路径规划算法的基本原理

RRT*路径规划算法是目前最先进的基于采样的运动规划算法[84]。它是 RRT 路径规划算法的扩展，能对随机树进行重新布线，并能简化现有图形结构。随着样本数量的增加，RRT*路径规划算法返回的最优路径成本会收敛到最优值。RRT*路径规划算法在 RRT 路径规划算法的基础上，选择拓展节点空间中复杂度最小的节点为父节点，并在每次循环后将选择的父节点和现有树上的节点相连，以改进父节点的选择方式，保证渐进最优解。RRT*路径规划算法的路径拓展包括重新选择父节点和重新布线随机树阶段。

重新选择父节点如图 6-1 所示。先寻找 x_{new}，然后计算节点和节点之间冲突的概率。如果冲突的概率很低，就通过 Near 函数选择距离最近的节点，并迭代附近节点集合内所有的节点。如果找到代价小于最小路径代价的节点，并且冲突的概率小于阈值，就将该节点作为新的初始节点。

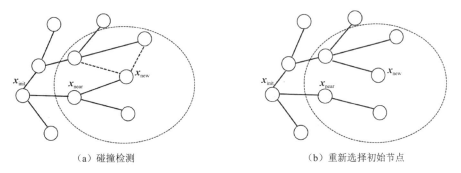

（a）碰撞检测　　　　　　　　　　　　（b）重新选择初始节点

图 6-1　重新选择父节点

重新布线随机树如图 6-2 所示。重新连接随机树的边，就可以得到最优路径。迭代附近节点集合内剩下的节点 x_{near}，如果存在目标节点到初始节点的路径代价小于当前 x_{near} 到初始节点的路径代价，并且可以通过碰撞检测机制的检测，就更换目标节点为父节点，删除和该父节点相连的 x_{near} 并重新连接路径。

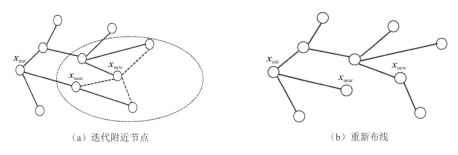

（a）迭代附近节点　　　　　　　　　　　（b）重新布线

图 6-2　重新布线随机树

6.3　RRT*路径规划算法的局限性

目前大多数路径规划算法都是在静态环境中完成的，即假设机器人所处环境中只有静止不动的物体，导航时真实环境和地图一致。这无疑是一种只存在于实验环境下的理想情况，真实环境中不可避免地会出现行人、动物、车辆等运动的物体，还会出现静止不动的物体的位置发生改变等影响地图一致性的情况。动态环境中的路径规划要求算法降低对已经构建完成的地图的置信度，辨识并跟踪动态障碍物，并且重新处理定位及地图更新问题。

对于 RRT*路径规划算法，只有当距离函数反映实际成本时，机器人才能有效地进行空间探索。

非完整系统欧几里得距离的不相容性如图 6-3 所示。由图 6-3 可知，虽然 P_1 的欧几里得距离更接近机器人，但由于其受微分约束，P_1 的正式运行成本远远高于 P_0 的正式运行成本。由于随机树的生成是通过对环境中的特征位置进行随机采样获得的，因此采样的随机性会导致重复样本的出现，这将导致算法多次规划同一个任务，从而产生多种路径，而这些路径往往不是最优路径。

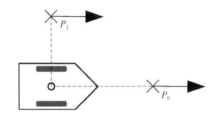

图 6-3　非完整系统欧几里得距离的不相容性

6.4　改进 RRT*路径规划算法

　　针对动态环境中的机器人路径规划问题，本章提出了一种基于随机 MPC 算法的改进 RRT*路径规划算法。机器人在动态环境中的路径规划问题可表述为在线、有限视距策略和不确定情况下的轨迹优化问题。可通过将路径规划和控制紧密结合，来实现动态环境中的路径规划和算法性能优化。

　　虽然 MPC 是一个较为成熟的领域，近十年来取得了显著的研究进展，但是人们尚不清楚如何利用 MPC 处理不确定的动态环境中的问题。一种流行的机器人路径规划算法是设定可接受碰撞概率的硬阈值[85]。对于具有硬约束的优化问题，通常会在约束边界处求解，但求出的解因为噪声的干扰其置信度并不是特别高。此外，为了使机器人适应动态环境中的各种不确定性，需要在成本函数中直接处理不确定性。为此，另一种流行的机器人路径规划算法是机器人在试图达到目标的同时，直接最小化碰撞的可能性。但对于这些算法，人们尚不清楚如何定制机器人行为或提高机器人的运动质量，如速度或平滑度。

　　高性能的运动规划器通常将运动规划定义为一个具有成本函数的轨迹优化问题，体现了运动规划器所需的运动质量。运动规划器通常将成本函数构造为子目标的加权和。但是很快找到正确的路径规划权重就成了真正的问题，因为选择不当的权重会导致局部的最小值和不平滑的成本开销，最终会导致机器人控制效果不理想。一般来说，很难找到一组在各种情况下都能很好工作的权重。

　　随机 MPC 算法可解决动态环境中机器人的最优运动规划和控制问题。本节计算了机器人和其他物体在动态环境中运动不确定性函数的违反约束概率，并将该概率纳入成本定义。违反约束概率用于生成时变权重，自动平衡目标进度、操作成本和碰撞成本，以计算总体预期成本。

6.4.1　标准离散时间 MPC

　　本节将通过介绍标准 MPC 公式[86]引出改进 RRT*路径规划算法，下列变量的时间戳可以看作是静止的：

$$q_{i+1} = f(q_i, u_i), \quad q_k = \hat{q}(t_k) \tag{6-1}$$

式中，$q_i = q(t_i) \in Q$，为状态（如姿态、速度和加速度）；u_i 为时间 t_i 的控制；q_k 为测量值 $\hat{q}(t_k)$ 的初始状态集。利用 MPC 算法可解决以下有限视界约束优化问题。

$$\underset{u_{[k:k+N-1]}}{\text{minimie}} J\left(k, q_{[k:k+N]}, u_{[k:k+N-1]}, N\right) \tag{6-2}$$

$$\text{subject to } q_{i+1} = f(q_i, u_i), \quad q_k = \hat{q}(t_k) \tag{6-3}$$

式中，$u_i \in U$（U 为输入的约束），$q_i \in Q$（Q 为状态的约束），$k+N$ 为时间范围；$J(k, q_{[k:k+N]}, u_{[k:k+N-1]}, N)$ 为代价函数。代价函数是一个标量函数，它映射了状态 $q_{[k:k+N]}$ 的轨迹，并将 $u_{[k:k+N-1]}$ 输入代价中。在标准离散时间 MPC 中，可将其表示为

$$J(k, q_{[k:k+1]}, u_{[k:k+1]}, N) = \sum_{i=K}^{k+N-1} L(q_i, u_i) + M(q_{k+N}) \tag{6-4}$$

式中，$L(q_i, u_i) \geqslant 0$，为沿轨迹计算的阶段代价；$M(q_{k+N})$ 为终端状态 q_{k+N} 下的终端代价。终端代价通常被定义为从终端状态到最终目标状态的代价，适当的终端代价对于 MPC 算法的稳定性至关重要。

6.4.2　动态环境中的随机最优化

通过估计结果的不确定性，建立随机最优化问题。当从成本函数中减去一个常数 $M(q_k)$ 时，如果通过式（6-3）求随机最优化问题的最优解，$u^*_{[k:k_{N-1}]}$ 不会改变，那么可以用 $\tilde{J}(\cdot)$ 替换 $J(\cdot)$，即

$$\tilde{J}(k, q_{[k:k+1]}, u_{[k:k+1]}, N) = \sum_{i=K}^{k+N-1} L(q_i, u_i) + M q_{k+N} - M(q_k) \tag{6-5}$$

估计结果能够将违反约束的概率直接纳入成本。状态约束的定义是一直在改变的，故令 $p_c(i)$ 为 q_i 时刻的违反约束概率，即

$$p_c(i) = p_c(q_i, Q_i) \tag{6-6}$$

根据违反约束概率可以将

$$p_s(i) = p_s\left(q_{[k:i]}, Q_{[k:i]}\right) = \prod_{l=k}^{i}\left[1 - p_c(l)\right] \tag{6-7}$$

作为安全过渡概率，即在不违反约束 $Q_{[k:i]}$ 的情况下，沿着 $q_{[k:i]}$ 从初始状态 q_k 成功过渡到状态 q_i 的概率。使用式（6-6），可以将预期成本定义为

$$E\left[\tilde{J}(k, q_{[k:k+1]}, u_{[k:k+1]}, N)\right] = \sum_{i=k}^{k+N-1}\left[L(i) + p_s(i) \cdot \Delta M(i) + \left[1 - p_s(i)\right]R(i)\right] \tag{6-8}$$

式中，$L(i) = L(q_i, u_i)$，为阶段成本；$\Delta M(i)$ 为终端成本超越轨迹的概率；$R(i) > 0$，为违反约束的严格正成本。注意，如果所有 i 的 $p_s(i) = 1$，那么违反约束概率在任何地方都为零。

利用式（6-7），可以将动态环境中的最优运动规划问题抽象成一个随机约束优化问题，即

$$\underset{u_{[k:k+N-1]}}{\text{minimize}} E\left[\tilde{J}\left(k, q_{[k:k+N]}, u_{[k:k+N-1]}, N\right)\right] \tag{6-9}$$

$$\text{subject to } q_{i+1} = f(q_i, u_i), q_k = \hat{q}(t_k) \tag{6-10}$$

式中，$u_i \in U$。如果将状态约束和运动不确定性纳入预期成本 $E\left[\tilde{J}\left(k, q_{[k:k+N]}, u_{[k:k+N-1]}, N\right)\right]$，那么式（6-9）和式（6-10）是必不可少的。

此外，利用反馈控制法可以减少维度并提高预测精度。也就是说，不直接优化控制轨迹，而是找到底层反馈控制器的最优参数，从而获得最低成本轨迹。具体表现为给定一个状态反馈 $u_i = g(q_i, \partial)$，其中，∂ 表示参数，可以得到

$$\underset{\partial}{\text{minimize}} E\left[\tilde{J}\left(k, q_{[k:k+N]}, u_{[k:k+N-1]}, N\right)\right] \tag{6-11}$$

$$\text{subject to } q_{i+1} = f(q_{i+1}, u_{i+1}), q_{k+1} = \hat{q}(t_{k+1}) \tag{6-12}$$

$$u_i = g(q_i, \partial) \tag{6-13}$$

在式（6-7）中，$p_s(i)$ 为时变权重，决定了违反约束条件和实现目标进度之间的权衡。$p_s(i)$ 是作为机器人和其他物体的估计状态函数在线算得的。当安全过渡概率 $p_s(i)$ 很小或违反约束概率很高时，终端成本超越轨迹的概率 $\Delta M(i)$ 为 0，这样在规划路径时机器人就可以专注于避免碰撞。同样，当碰撞概率为零时，违反约束条件的成本就完全可以忽略，这使得机器人控制器能够专注于朝着目标前进并降低操作成本。也就是说，通过式（6-10），机器人会在安全情况下最大限度地提高速度，同时试图避免碰撞。如果没有可行的路径或可能会发生碰撞，机器人就保持停止状态。

6.5 实验与分析

6.5.1 仿真环境中的算法实验

本节实验的仿真环境为一个具有多个动态障碍物的 L 形走廊。在 L 形走廊中，本章提出的改进 RRT*路径规划算法允许机器人在不同的情况下做出各种可感知的运动，如在走廊中快速平稳地移动或在检测到动态障碍物时停止，以应对动态环境中的不可知情况。

本节实验中的传感器数据均来自 ROS 中的仿真数据。机器人在导航过程中检测到的动态障碍物通过在 ROS 中自定义添加障碍物来实现。机器人的位置和速度由激光点群的轨迹进行跟踪，规划器用恒定速度在估算视界 $[0, t]$ 上估算动态障碍物的运动。机器人的运动和传感器数据通过 ROS 中的 Rviz 进行动态模拟。ROS 中的仿真环境如图 6-4 所示。

图 6-5 所示为 L 形走廊中的机器人导航，显示了当机器人左转进入狭窄走廊时，规划器采样的轨迹、在每个规划周期选择的最优路径和实际路径。机器人沿着最优路径快速穿过该

走廊，并以最大速度（1.2m/s）朝着目标位置运动。当机器人与目标位置小于或等于 2m 时，它就会切换到对接模式，将动态障碍物固定在目标位置，并在18s内安全地运动到目标位置。

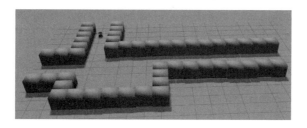

图 6-4 ROS 中的仿真环境

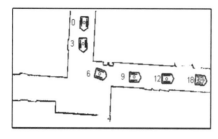 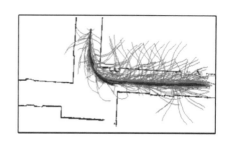

（a）机器人运动路径　　　　　　　　　（b）机器人运动路径（带评估路径）

图 6-5 L 形走廊中的机器人导航

带动态障碍物的 L 形走廊中的机器人导航如图 6-6 所示。在图 6-6 中，机器人以相同的权重在成本函数中运行，但地图中存在缓慢移动（0.5 m/s）的动态障碍物。L 形走廊中的机器人和动态障碍物的速度剖面图如图 6-7 所示。

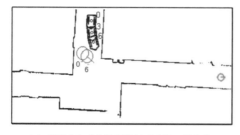 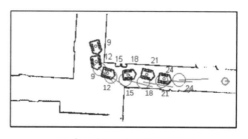

（a）机器人和动态障碍物运动路径（转弯前）　　　（b）机器人和动态障碍物运动路径

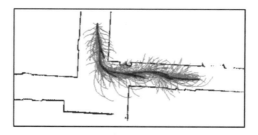

（c）机器人运动路径（带评估路径）

图 6-6 带动态障碍物的 L 形走廊中的机器人导航

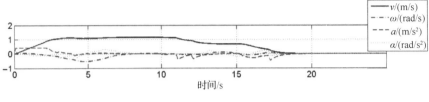

（a）机器人的速度剖面图

图 6-7 彩图

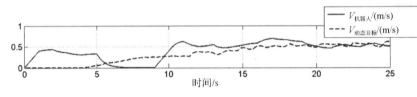

（b）机器人和动态障碍物的速度剖面图

图 6-7　L 形走廊中的机器人和动态障碍物的速度剖面图

本节通过实验证明了改进 RRT*路径规划算法可以处理多个动态对象，可以让机器人在同一环境中做出性能各不相同的行为。

6.5.2　真实环境中的算法实验

本节将在真实环境中使用自主搭建的机器人平台搭载川杉雷达进行实验，如图 6-8 所示。机器人底盘是一个差动轮式机器人，采用两轮驱动设计，两个主动轮的速度差决定了机器人的运动方向。对两个主动轮的全局速度进行解耦，可以得到直线速度和角速度。本节实验搭建了一个典型走廊，走廊内存在动态障碍物，静态地图由本书提出的位姿 SLAM 算法构建。

在有动态障碍物存在的走廊中进行 5min 的机器人自主导航。实验证明，将改进 RRT* 路径规划算法用于机器人自主导航，可以在没有任何碰撞的情况下成功到达目标位置，并展示出合理和智能化的机器人运动路径，如图 6-9 所示，如在狭窄的走廊里经过、移动、跟随、等待一个动态障碍物通过。机器人不仅可以平稳地避开迎面而来的动态障碍物，如图 6-10 所示；还可以在走廊中绕开静态障碍物，如图 6-11 所示；还可以在狭窄的走廊中对于动态障碍物表现出明显的跟随行为，如图 6-12 所示；还可以在可能的情况下安全地超越动态障碍物，如图 6-13 所示；还可以在行动成本较高的情况下决定并排行走，甚至可以原地等待，为动态障碍物让路，如图 6-14 所示。

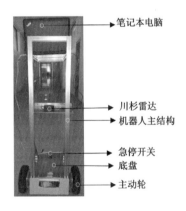

图 6-8　自主搭建的机器人平台
搭载川杉雷达

笔记本电脑

川杉雷达
机器人主结构

急停开关
底盘
主动轮

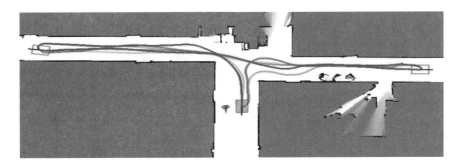

图 6-9 机器人运动路径

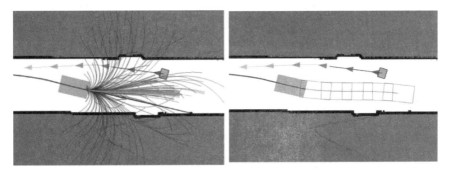

（a）遇到动态障碍物前机器人的运动路径（带评估路径） （b）遇到动态障碍物前机器人的运动路径

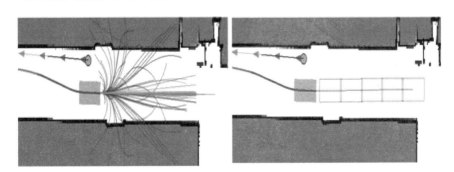

（c）通过动态障碍物后机器人的运动路径（带评估路径） （d）通过动态障碍物后机器人的运动路径

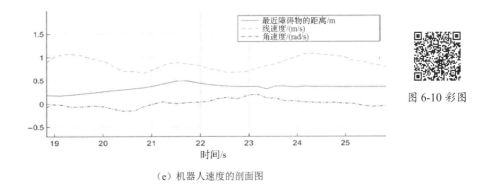

（e）机器人速度的剖面图

图 6-10 机器人避开动态障碍物

图 6-10 彩图

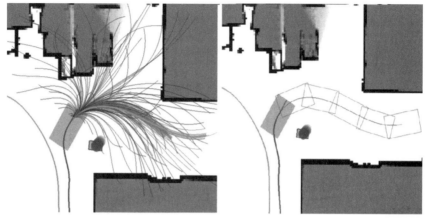

（a）转弯前机器人的运动路径（带评估路径）　　（b）转弯前机器人的运动路径

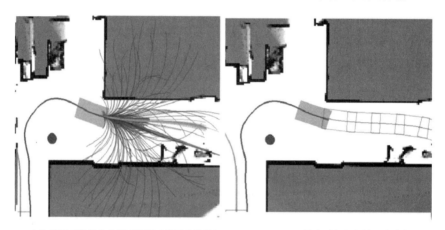

（c）转弯后机器人的运动路径（带评估路径）　　（d）转弯后机器人的运动路径

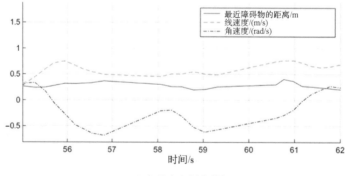

（e）机器人速度剖面图

图 6-11 彩图

图 6-11　机器人绕开静态障碍物

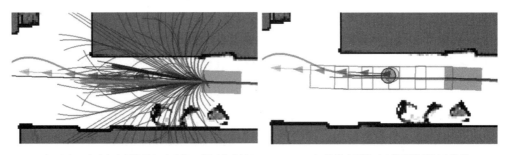

（a）机器人跟随动态障碍物的运动路径（带评估路径）　　　　（b）机器人跟随动态障碍物的运动路径

图 6-12　机器人对动态障碍物表现出跟随行为

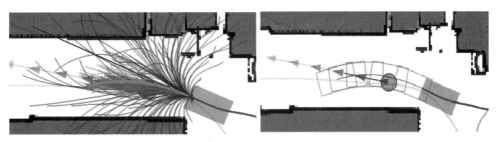

（a）机器人遇到动态障碍物的运动路径（带评估路径）　　　　（b）机器人遇到动态障碍物的运动路径

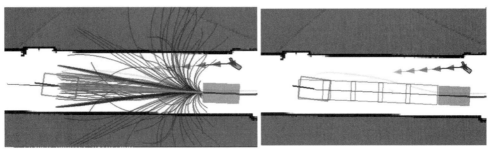

（c）机器人超越动态障碍物的运动路径（带评估路径）　　　　（d）机器人超越动态障碍物的运动路径

图 6-13 彩图

图 6-13　机器人超越动态障碍物

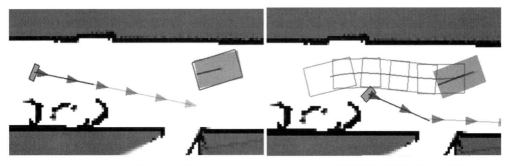

（a）机器人等待动态障碍物　　　　　　（b）动态障碍物通过机器人的运动路径

图 6-14　机器人为动态障碍物让路

由图 6-9 可知，机器人在存在动态障碍物的走廊中，到达 3 个目标位置并且自动摆出预设的位姿。图 6-9 中的线条表示机器人进行 5min 的自主导航的运行路径。运行路径表明机器人顺利完成了自主导航任务，没有发生任何碰撞。

由图 6-10 可知，机器人在狭窄的走廊中安全地避开了迎面而来的动态障碍物，将其设置为每隔 1s 在估计的轨迹上绘制估计的机器人和动态障碍物位姿。其中，矩形为机器人的位姿，三角形为动态障碍物的位姿。图 6-10（a）所示为机器人在 56ms 内评估的 364 条路径（包括最优路径和最不合理路径）。图 6-10（b）所示为机器人在 t=22s 时找到了最优的路径。图 6-10（c）和图 6-10（d）所示为机器人在 t=24s 通过动态障碍物后，用 40ms 评估了 157 条路径，并在选择最优路径后，平稳加速。图 6-10（e）所示为机器人的线速度、角速度及最近障碍物的距离。

由图 6-11 可知，机器人在向右转弯时避开静态障碍物的状态。图 6-11（a）所示为机器人评估的 233 条路径，其中包括一条最优路径，在 t=59s 时机器人规划出后续路径。机器人在转弯后，会重新评估路径，并规划出最优路径。

由图 6-12 可知，机器人正在跟随前面的动态障碍物，同时朝着地图左侧的目标位置移动。为了在不发生碰撞的情况下最快到达目标位置，机器人必须跟随前面的动态障碍物。此时的阶段成本（V^2）的总权重是标准权重的 2 倍。在这种情况下，机器人的运动更加激进，即安全系数更低。

由图 6-13 可知，机器人超越了动态障碍物。在对 411 条路径进行评估后，机器人以平稳的速度安全地超越动态障碍物并接近目标位置。

机器人可以利用直接优化在狭窄的走廊中等待动态障碍物通过，如图 6-14 所示。因为机器人向前移动可能发生碰撞，如图 6-14（a）所示，最优解决方案是保持静止。在动态障碍物通过后，机器人会重新进行决策，并开始移动，如图 6-14（b）所示。

6.6 本章小结

本章先研究了 RRT*路径规划算法的基本原理，并分析了 RRT*路径规划算法的局限性；然后通过引入随机 MPC 算法改进了 RRT*路径规划算法，提出了一种基于随机 MPC 算法的 RRT*路径规划算法；最后在仿真环境和真实环境中运行实现了改进 RRT*路径规划算法，对比了机器人的运动平滑性和导航效果。此外，本章的实验还搭建了实际的机器人平台和实验环境，在真实环境中运行了两种算法，并在真实环境中对比了效果。实验证明本章提出的基于随机 MPC 算法的 RRT*路径规划算法能够在有动态障碍物的环境中生成安全、平滑、准确的机器人路径。

第 **7** 章

主动式 SLAM

7.1 引言

尽管 SLAM 问题得到了初步解决，但迄今为止，大多数 SLAM 技术都是被动的，因为机器人只能估计环境模型，无法对其路径做出任何决定[87]。人们可以通过一种主动技术来计算机器人动作，以降低有关其自身位置和地图的不确定性[88]，同时优化覆盖范围[89-90]。对于上述问题的简单解决方法是，将经典的探测方法和 SLAM 技术相结合。经典的探测方法忽略了定位漂移导致的累积效应，专注于减少看不见区域的数量，这导致机器人累积的不确定性越来越多。解决该问题的方法是不时重新访问已知区域，并准确权衡遍历范围。

行为选择在 SLAM 探测中是一个核心问题，同时它还需要考虑其他问题。SLAM 探测需要选择一种 SLAM 算法、一种环境表示、一种遍历策略和一个目标函数。每一项内容都带来了不同的挑战。除了 SLAM 问题中的挑战（如可扩展性、一致性、数据关联、机器人感知），选择适当的目标函数是地图质量及有效覆盖环境策略的决定性因素。路径选择的关键是在最优化和效率之间进行权衡。

本章将解决使用位姿 SLAM 算法探索未知环境的问题[91]，以便通过选择适当的动作来驱动机器人，从零开始自动构建地图，从而使覆盖范围最大化，使定位与地图的不确定性最小化。

为了保证覆盖范围，要保持环境占用的栅格不变。该方法的显著优势在于该栅格仅用于计算候选地图的后验假设的熵，并且可以用非常粗糙的分辨率进行计算，因为既不用保持机器人的局部估计，也不用维持环境结构[92]。这种方法研究了两种类型的动作——探索性动作和位置重访动作。行动决策是基于熵估计减少做出的。通过在运行时保持估计位姿 SLAM，该方法允许机器人在检测到位姿 SLAM 估计值显著变化时在线重新规划路径，这会使计算的熵中面向估计过去的估计值减少。

本章结构安排如下：7.2 节介绍动作集；7.3 节介绍动作的效用；7.4 节介绍重新规划；7.5 节为实验与分析，介绍实验过程和对实验结果的分析；7.6 节为本章小结。

7.2 动作集

在 SLAM 中计算潜在动作的效果是十分复杂的，因为必须为每个候选的位姿信息评估后验概率，而且必须按步骤对价值函数进行学习，也就是说，对于每个新的目标点，都必须学习新的价值函数。尽管如此，该方法仍然依赖于状态和动作空间的离散化，不能提供最优解决方案，同时增加了探测算法的复杂性。对于这种方法，本章选择仅通过一组有限的位姿信息来确保可伸缩性。其中，动作被定义为两种类型——探索性动作和位置重访动作。

7.2.1 探索性动作

探索性动作是通过经典的基于边界的探索计算出来的，旨在最大限度地扩大覆盖范围，也就是说机器人能够在未探索的区域内自主运动。这种度量表示形式不需要估算过程（SLAM 过程），只要能找到边界，并规划一条通向这些边界的路径，就可以自由地构建粗略的地图[44]。

在本章的研究中，位姿 SLAM 算法存储了与位姿图中每个节点对应的激光扫描信息。可以使用这些激光扫描信息来呈现目标选择的地图。在已知最大似然估计的前提下，自主导航结果表明地图遍历不会在路径遍历中触发重新规划，仅在完成路径时或在闭环时地图发生较大偏移的情况下触发重新规划。这种情况使得在线地图构建无法进行，因为仅在那些事件发生时才需要进行计算。位姿 SLAM 算法构建的栅格地图如图 7-1 所示。图 7-1（a）所示为位姿 SLAM 图。对于图 7-1（b）和图 7-1（c），在平均先验条件下，栅格地图 O_m 的占用率为 $p(O_m)$、分辨率为 20dpi×20dpi。

一旦构建出栅格地图，就可以提取边界并根据机器人的最后位姿规划一条到达目标位姿的路径。边界是至少有一个相邻未知单元的自由栅格集[93]。只要确定了边界，就可以应用连接的组件标记来检测前沿栅格的连接区域。对于大于阈值的边界，在获取其质心后，计算机器人从最后位置到该点的路径，从而根据在概率路线图中找到的最短路径来实施路径规划。虽然最短路径可以直接在栅格地图中搜索到，但是通过概率路线图可以在地图构建阶段解决移动平台的运动学问题。因此，地图构建输出的是一组在运动上可行的机器人位姿，不仅仅是边界。

此外，对于每个模拟路径，通过位姿 SLAM 假设边缘位姿，并且只有熵值低于给定阈值的路径才被选择为安全的探索路径。这有效地将探索路径的长度限制为累积的开环不确定性阈值。图 7-1（b）显示了所有边界。图 7-1（c）中的动作 1、动作 2 和动作 3 是可以安全到达的目标位姿。

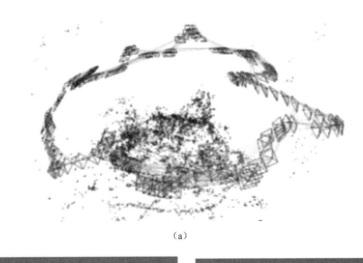

（a）

图 7-1 彩图

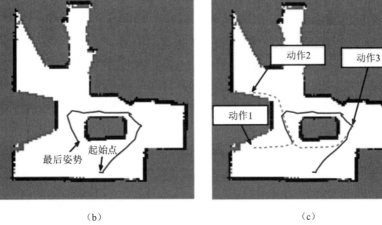

（b）　　　　　　　　　　　　　（c）

图 7-1　位姿 SLAM 算法构建的栅格地图

7.2.2　位置重访动作

与探索性动作相比，位置重访动作的目的是提高机器人的定位能力。本章使用位姿 SLAM 建图的过程能很容易提供由位姿 SLAM 算法构建的栅格地图。本章寻找环路闭合候选者使用的机制与位姿 SLAM[91]中引入的数据关联机制完全相同，因此，在计算位姿间的距离时，考虑了定位的不确定性，其目的是选择与当前位姿距离较近的位姿集，并从位姿集中选择一个使整个网络信息增益最大化的位姿。

首先，计算在理想空间地图中当前位姿 x_k 到另一个位姿 x_i 的平方距离分布，其表达式为

$$\mu_d = \left\| \mu_k - \mu_i \right\|^2 \tag{7-1}$$

$$\sigma_d^2 = H_d \begin{bmatrix} \Sigma_{ii} & \Sigma_{ik} \\ \Sigma_{ik}^{\mathrm{T}} & \Sigma_{kk} \end{bmatrix} \tag{7-2}$$

上述计算既不考虑使机器人返回大路径的闭环，也不考虑仅连接至附近区域的闭环。位姿 x_i 以阈值 v 在平方距离 d_r 上的概率对于 x_k 处的概率是

$$p_d = \int_{d_r-v}^{d_r+v} N\left(\mu_d, \sigma_d^2\right) \tag{7-3}$$

式中，d_r 为需要考虑的均方距离；v 为搜索窗口大小。较小的值表示需要严格考虑与当前位置平方距离 d_r 处的闭环。对于高斯分布，这种概率可以通过误差函数来计算。如果在该范围内的概率高于给定阈值 $(d_r - v, d_r + v)$（在置信空间中），就将位姿添加到候选闭环集中。

从候选闭环集中选择一个能提供最大信息增益的对象，用式（7-2）计算使整个网络信息增益最大的位姿。在图 7-1（c）中，动作 3 是满足这个条件的闭环。与主动闭环方法相比，本章讨论的方法考虑了轨迹的不确定性，因此对定位误差更具鲁棒性。最后，使用与探测性动作相同的方法来确定候选闭环集。

7.3 动作的效用

在计算出一组候选路径后，需要计算其效用，并从中选择奖励最高的路径。本章的效用函数是预期的信息增益，即后验熵的减少。

本章所提算法将路径的全部熵近似并计算各个熵的总和。也就是说，对于路径 X_k 和地图 O_m 的联合熵，给定一组运动命令 U_k 和一组观测值 Z_k，即有

$$\begin{aligned} H\left(X_k, O_m | U_k, Z_k\right) &= H\left(X_k | U_k, Z_k\right) + \int_x p\left(X_k | U_k, Z_k\right) H\left(X_k, O_m | U_k, Z_k\right) \mathrm{d}x \\ &\approx H\left(X_k | U_k, Z_k\right) + H\left(O_m | U_k, Z_k\right) \end{aligned} \tag{7-4}$$

位姿 SLAM 中路径的熵符合多元高斯分布，由下式给出：

$$H\left(X_k | U_k, Z_k\right) = \ln\left(\left(2\pi e\right)^{\frac{n}{2}} |\boldsymbol{\Sigma}|\right) \tag{7-5}$$

式中，n 为整个状态向量的维数。

然而式（7-5）的评估存在的问题是协方差矩阵容易变得不明确，具有完全相关的置信度和一个或多个特征值接近 0。当两个位姿完全相关时，就会产生这种问题，从而导致协方差矩阵沿着状态的线性组合概率分布缩小，在其他维度上无法获得任何信息。

为了解决该问题，本章在不考虑位姿间的相关性的情况下近似路径的熵，在各个边缘上取平均值[92]，相应公式如下：

$$H\left(X_k | U_k, Z_k\right) \approx \frac{1}{k} \sum_{i=1}^{k} \ln\left(\left(2\pi e\right)^{\frac{n'}{2}} |\boldsymbol{\Sigma}_{ii}|\right) \tag{7-6}$$

式中，n' 为各个位姿的维数。该选择是对路径使用信息的非最优度量，如 $\boldsymbol{\Sigma}$ 的轨迹。对于式（7-4），其与地图熵结合使用时，使用平均形式获得的结果要好于汇总度量（迹线），其主要原因是在第一种情况下有平均路径长度的影响。因此，这是一个合理的选

择，因为它已经满足上述讨论中的一系列路径长度。

对于栅格大小为 w 的地图 $\boldsymbol{O}_m$，熵的计算公式为

$$H\left(\boldsymbol{O}_m|\boldsymbol{U}_k, \boldsymbol{Z}_k\right) = -w^2 \sum_{c \in \boldsymbol{O}_m}\left(p(c)\ln p(c) + \left(1 - p(c)\right)\ln\left(1 - p(c)\right)\right) \tag{7-7}$$

要计算熵，必须假设未知的射线投射测量值。本章根据假设的激光束覆盖的未分类单元的数量来计算有关熵变化的统计量。在命中一个未知的栅格时，其对式（7-7）的概率贡献就是从该统计量中得出的。

与粒子过滤器不同，本章只有一张地图可以模拟观测值，并不能对每个地图粒子都这样做。此外，由于状态估计不依赖于此地图，因此可以以粗略的分辨率对观测值进行计算，在计算成本方面具有优势。与实现粒子过滤器相反，该方法的优点是不需要为实现目标权衡成本，因为这可能会影响探索动作。相反，7.1 节中讨论的两种技术保证了集合中的所有路径具有相似的长度（通过在探索过程中对开环不确定性进行阈值化处理，或者搜索与当前位姿邻近的闭环）。但是，路径执行的复杂度较高意味着丢失的可能性很大。因此，如果在路径执行期间发生了无法预料的循环关闭，就重新进行路径规划。

假定评估的所有动作均偏离相同的先验概率，则选择使信息增益最大的动作或路径与选择使给定路径后验熵 $(\boldsymbol{X}', \boldsymbol{O}_m')$ 最小的路径完全相同。先穿过假想的路径 $\boldsymbol{U}'$，然后观察 $\boldsymbol{Z}_k$ 并对射线投射的未探索单元 $\boldsymbol{Z}'$ 进行假设。

$$\boldsymbol{U}'^* = \operatorname{argmin}H\left(\boldsymbol{X}', \boldsymbol{O}_m'|\boldsymbol{U}_k + \boldsymbol{U}', \boldsymbol{Z}_k + \boldsymbol{Z}'\right) \tag{7-8}$$

对于如图 7-1（c）所示的候选路径，动作 1 和动作 2 是探索性的，而动作 3 关闭了循环。动作 1 仅在机器人驶向未知区域时降低了对环境的不确定性；动作 3 仅降低了路径的不确定性，使机器人返回已知位置；本节的动作选择机制选择动作 2，其在降低环境不确定性的同时，保证了机器人的精确定位。

7.4　重新规划

在规划长路径时，可能需要提前预测许多观察结果，并且这些观察结果与执行操作时获得的实际观察结果可能有很大不同。可能出现的问题是机器人在执行路径时关闭了一个大回路，这时路径和地图的估算值将发生很大变化，并且路径末端的预测增益可能不再相关，甚至其余候选路径可能会令机器人发生碰撞。

解决上述问题的方法是使用滚动时域对路径进行重新规划，但是这种连续的重新规划在计算方面较为复杂，尤其是对于大型或细粒度的地图。要想知道何时对路径进行重新规划的一种方法是预测地图中的变形，仅在大量信息增益反馈进入位姿网络时才重新规划路径。重新规划使得信息增益在路径执行过程中处于对于任何循环闭合都变大的状态，进而实现对过去的预测。

7.5 实验与分析

为了评估本章提出的算法的性能，本节将通过实验实现机器人对二维环境的探索。

在实验中使用具有噪声协方差矩阵 $\Sigma_u = \mathrm{diag}\left(0.1\mathrm{m}, 0.1\mathrm{m}, 0.0026\mathrm{rad}\right)^2$ 的里程计传感器模拟机器人的运动。此外，本节实验模拟了一个激光测距传感器，以建立机器人两个位姿之间的连接，两个位姿在 x 轴方向和 y 轴方向的距离应小于 $\pm 3\mathrm{m}$，在 z 轴方向的距离应为 $\pm 0.52\mathrm{rad}$，并使用 ICP 算法测量相对运动约束。测量噪声协方差矩阵固定为 $\Sigma_z = \mathrm{diag}\left(0.05\mathrm{m}, 0.05\mathrm{m}, 0.0017\mathrm{rad}\right)^2$。激光扫描通过真实的机器人路径在真实环境地面栅格图上投射光线来模拟。设置机器人位姿的初始不确定性为 $\Sigma_0 = \mathrm{diag}\left(0.1\mathrm{m}, 0.1\mathrm{m}, 0.09\mathrm{rad}\right)^2$，可在 2.5nats 处检测到邻近的位姿。

7.5.1 路径探测

在上述条件下运行本节提供算法，并记录算法的效果。图 7-2 所示为探索过程中的 3 个时间点。在时间点 26，机器人的熵如下：动作 1 的熵为 1.1121nats，动作 2 的熵为 1.2378nats，动作 3 的熵为 0.7111nats，算法选择动作2，使机器人探索区域以减少地图熵。在时间点 39。机器人的熵如下：动作 1 的熵为 1.7534nats，动作 2 的熵为 1.4252nats，动作 3 的熵为 1.1171nats，最短路径规划器未能找到到达最近边界的路径，通往目标点的栅格形成了一条狭窄的走廊，机器人无法安全地穿越，因此，最短路径规划器选择另一个边界，最终该算法选择了动作 1，因为机器人沿着这条路径观察到了更多未知栅格，地图熵降低。在时间点 52，机器人的熵如下：动作 1 的熵为 1.8482nats，动作 2 的熵为 2.0334nats，动作 3 的熵为 1.7042nats，算法选择了更为保守的动作 2，因为动作 2 同时减小了路径熵和地图熵。图 7-3 所示为整个探索过程中路径熵和地图熵的演化。

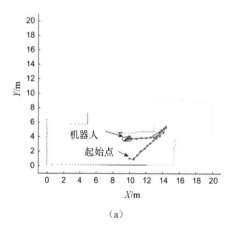

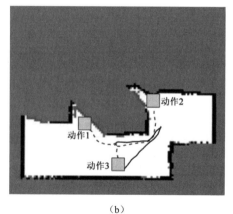

图 7-2 彩图

（a）   （b）

图 7-2 探索过程中的 3 个时间点

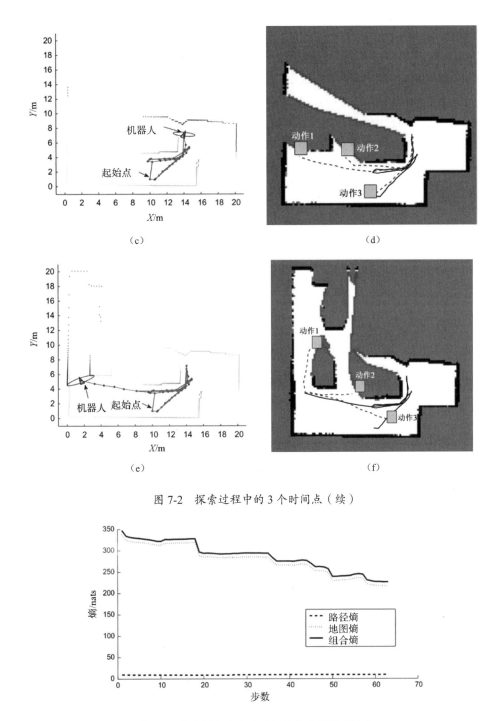

图 7-2 探索过程中的 3 个时间点（续）

图 7-3 整个探索过程中路径熵和地图熵的演化

7.5.2 路径重新规划

本节将通过路径重新规划来改善探索算法。算法在闭环之前和闭环之后若检测到整个位姿 SLAM 有明显变化，就会触发重新规划。这是地图估计值发生重大变化的指标，该算法旨在预测这些变化。在实验中，信息增益大于 4nats 的循环闭合会触发重新规划。

图 7-4 所示为进行和没有进行重新规划的比较结果。当进行重新规划时，地图熵略有下降，即在实验中运行 180 个时间步长且进行重新规划，地图熵从 147.89 nats 下降到 146.23nats。虽然图 7-4 中的变化是微小的（覆盖了不同的区域，并且熵的降低略有改善），但局部估计值的变化比较明显。此外，重新规划不仅有助于降低整体地图的不确定性，还可以实现更好的机器人定位，并保持完整路径熵的边界。

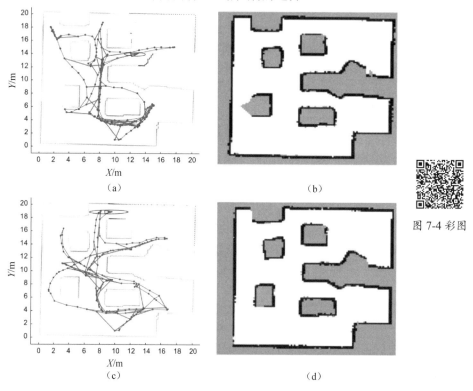

图 7-4 彩图

图 7-4　进行和没有进行重新规划的比较结果

7.5.3　与基于边界的探索的比较

根据上述实验中使用的环境和规则，本节将本章提出的算法与基于边界的探索进行比较。基于边界的探索会在地图及其位置不受约束的情况下，让机器人在最靠近前沿的区域，如图 7-5 所示。在本节实验的实现过程中，将分析的边界大小限制为大于 9 个栅格。值得注意的是，尽管这种算法覆盖了所有区域，但由于机器人几乎无法闭合 3 个回路，因此不足以校正漂移，从而导致生成的地图和路径包含严重的局部化错误和定位错误，并且地图熵为 152.62nats。相比之下，本章提出的主动式 SLAM 涵盖了相同时间步长内的整个环境，在相同的实验设置下，得到的地图熵略低，为 146.23nats，更好地满足了覆盖率和准确性。

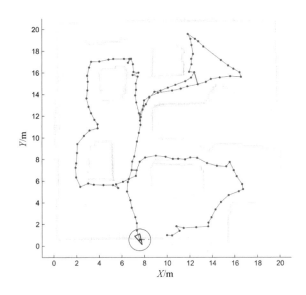

图 7-5　基于边界的探索

7.5.4　基于图优化的 SLAM 的探索

　　与路径规划算法类似，本节可以使用基于位姿 SLAM 算法估算位姿，也可以使用本章介绍的主动式 SLAM 算法。本节将针对同一环境，使用不同的 SLAM 算法持续计算地图的估计值的探索策略，以与本章提出的探索策略进行比较。为此，本节将使用位姿 SLAM 算法和两种不同的基于图优化的 SLAM 算法计算地图的估计值。

　　基于图优化的 SLAM 算法需要对两个任务进行解耦：图形构造（SLAM 前端）和图形优化（SLAM 后端）。本章使用的两种 SLAM 算法是基于图形优化的，即假设存在一个提前构建完成的地图。位姿 SLAM 算法是通过选择连接和位姿来构建地图的。因此，本节将使用位姿 SLAM 算法作为 SLAM 前端来构建地图，并使用两种不同的基于图优化的 SLAM 算法对地图进行优化。

　　本节将使用位姿 SLAM 算法、G2O 算法和 GTSAM 算法执行本书中的探索策略，以优化机器人自主构建的地图。本次实验使用噪声协方差矩阵为 $\boldsymbol{\Sigma}_u = \mathrm{diag}\left(0.1\mathrm{m}, 0.1\mathrm{m}, 0.0026\mathrm{rad}\right)^2$ 的里程计传感器仿真机器人的运动。此外，本次实验模拟了一个激光测距传感器，以在 x 轴方向和 y 轴方向小于 $\pm 3\mathrm{m}$，在 z 轴方向小于 $\pm 0.52\ \mathrm{rad}$ 的 2 个位姿之间建立连接，并使用 ICP 算法测量相对运动约束。测量噪声协方差矩阵固定为 $\boldsymbol{\Sigma}_z = \mathrm{diag}\left(0.05\mathrm{m}, 0.05\mathrm{m}, 0.0017\mathrm{rad}\right)^2$。激光扫描通过真实的机器人路径在真实环境地面栅格图上投射光线来模拟。设置机器人位姿的初始不确定性为 $\boldsymbol{\Sigma}_0 = \mathrm{diag}\left(0.1\mathrm{m}, 0.1\mathrm{m}, 0.09\mathrm{rad}\right)^2$。

　　图 7-6 所示为使用位姿 SLAM 算法、GTSAM 算法和 G2O 算法进行地图估计时的平均路径熵和平均地图熵。使用位姿 SLAM 算法、GTSAM 算法和 G2O 算法进行路径规划如

表 7-1 所示。表 7-1 中包括路径熵、地图熵、闭环数目、覆盖面积、绝对轨迹误差（Absolute Trajectory Error，ATE）等参数。

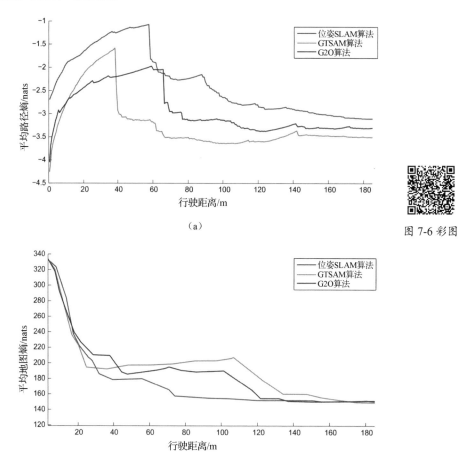

（a）

图 7-6 彩图

（b）

图 7-6 使用位姿 SLAM 算法、GTSAM 算法和 G2O 算法进行地图估计时的平均路径熵和平均地图熵

表 7-1 使用位姿 SLAM 算法、GTSAM 算法和 G2O 算法进行路径规划

SLAM 算法	路径熵/nats	地图熵/nats	闭环数目	覆盖面积/m²	绝对轨迹误差/m
位姿 SLAM 算法	-3.058	138.179	83	521.42	0.1775
GTSAL 算法	-3.762	136.392	88	524.68	0.1748
G2O 算法	-3.237	139.751	85	522.69	0.1782

如上文所述，每种 SLAM 算法获得的协方差估计值都不同。这种差异在图 7-6 中已经明显体现出来了。从图 7-6（a）中可以看出，这 3 种算法的平均路径熵的演化形状是相似的（这是采用相同探索策略导致的），并以同样的方式控制机器人定位不确定性的提高。最初，本节的探索策略是让机器人探索环境，从而提高其定位的不确定性，但是在机器人的路径长度到达 60～80m 后，它便会进入闭合环路区域，从而降低其定位的不确定性。

无论如何，协方差估计中的差异不会影响这 3 种算法的探索性能。这 3 种算法的平均估计值的效果相似，这一点可以从包含了 300 个机器人位姿的绝对轨迹误差中得到验证。此外，从图 7-6（b）中可以看出，这 3 种算法的平均地图熵在以相似的覆盖率探索 180 m 后也收敛到 148nats 附近。本节使用的 3 种 SLAM 算法的闭环数目相似，其中的差异可以通过在地图构建过程中使用相同的阈值及协方差估计的差异来解释。

　　总而言之，由于主动式 SLAM 算法的目标是在探索环境的同时保持构建准确的地图，且上文 3 种算法下的绝对轨迹误差和覆盖面积非常相似，因此本节使用的这 3 种算法的探索性能相似。

7.6　本章小结

　　本章研究了主动式 SLAM，该算法评估了探索性和地点重访序列的效用，并选择了一个使地图熵和路径熵最小化的序列。该算法不仅考虑了相似路径长度的轨迹，还考虑了边缘姿态的不确定性。相比于其他算法，该算法的优点是，在评估地图上的信息增益时，只需要粗略地计算先验地图估计值即可。这种粗糙度是独立的，不影响位姿 SLAM 估计。此外，本章还设计实验验证了重新规划执行过程中定位精度显著提高的情况。

第 8 章

多机器人编队 SLAM

8.1 引言

本章将介绍一种在未知环境中探测任务的多机器人二维 SLAM 与三维地图融合的算法。

首先，本章将介绍多机器人的基本原理和路径规划概念，在同构和异构多机器人编队的背景下，对多机器人控制进行简短的概述。本章的研究焦点是多机器人的 SLAM 算法，该算法不只是一种多机器人解决方案，还可以用于分组任务的单个机器人。因此，本章介绍的路径规划算法与单个机器人的基础知识直接相关。

其次，本章将研究一种基于 SLAM 的单个机器人精确位姿跟踪技术和二维/三维混合建图系统。本章所述的位姿估计算法基于传感器的激光里程计技术，可以减少电源负载和计算负荷。这种位姿估计算法计算出的位姿估计值是不同来源的位姿测量融合的结果。二维/三维混合建图系统包括二维与三维环境表示，既保证了机器人在未知环境中安全、稳健地运动，又精确地显示了工作空间特征，有助于机器人在已完成探测的环境中进行工作。

最后，本章将提出的单个机器人综合解决方案视为群体中同类机器人通用的控制系统。本章对常见地图构建方法的分析涵盖了机器人聚集（相遇事件）期间的集中式和间隔式的数据交换。此外，多机器人编队 SLAM 技术与传统的地图合并技术相比，前者使用的占据栅格地图算法更便捷。地图融合和扩展的实现也将在本章进行介绍。

本章的结构如下：8.2 节介绍多机器人系统；8.3 节介绍基于 SLAM 的机器人探测方法；8.4 节介绍多机器人定位与建图；8.5 节为本章小结。

8.2　多机器人系统

当机器人在一个群体中执行相同或不同动作时，通常按照不同的标准将其划分为同构机器人编队和异构机器人编队[44]。异构机器人编队类似于一个蜂窝机器人系统，可以自行组装和拆卸。异构机器人编队的这一特点被许多研究人员采用，也让他们看到了机器人在群体或团队中的应用前景。异构机器人系统通常需要同步，并且因其扮演的角色一个团队中机器人的数量常常被限制。多机器人系统有不同的体系结构，可以分为集中式、分层式、分布式和混合式[94]。对于运行异构机器人系统的方法，在实现上存在困难，任何任务策略的改变都会花费大量时间来完成甚至不可能完成，因此异构机器人的灵活性较低。而在行为、设备和执行相同的角色上都相同的同构机器人则可以实现不同的配置。因此，这种同构方式对一个团队中的机器人数量不做限制[95]。

如何对多机器人进行更好的组态配置，从而最有效地完成一项任务，一直都是多机器人编队 SLAM 中的一个难题，虽然异构机器人在实际情况中可能更多，但上述要求和限制使其在实际实现中并不那么容易。因此，本章假设多机器人编队 SLAM 系统是一个控制系统，只适用于一组同构机器人中的每个智能体，并且每个智能体具有相同的配置和合作行为。

8.3　基于 SLAM 的机器人探测方法

本节将介绍基于 SLAM 的机器人探测方法。该方法中的机器人配备有差分驱动运动控制器和激光测距仪。本节需要解决不同地形下位姿跟踪和建图的问题。本节将机器人探测方法分为两部分：位姿跟踪方法、二维与三维联合建图方法。

8.3.1　位姿跟踪方法

定位方法可以分为局部定位和全局定位。局部定位一般与机器人在局部坐标系下的运动估计位移有关，本书将其框架命名为"里程计"，将全局定位框架命名为"地图"。在帧间关系中，通常会出现漂移，这会影响局部地图融合到全局地图中的精度。在减小全局地图误差之前，必须先解决局部位姿估计问题。

即使使用附加的运动传感器信息和不同的位姿估计技术，基于车轮里程计的经典定位方法在各种地形条件下的性能仍然很差。本书中机器人平台的传感器系统由激光测距仪组成，因此可以将激光测距增量定位方法应用于局部位姿估计。此外，假设任何车轮原点测量都是附加误差的来源，可以完全去除。

激光里程计方法都会面临着类似的问题：欧拉角 φ 和 θ 的动态变化会产生漂移和数据关联误差。本节使用的惯性测量单元（Inertial Measurement Unit，IMU）可以减小误差值，但是在非结构化地形增量估计和全局定位问题中，只使用 IMU 往往是不够的。因此，本节将对与激光里程计相关的位姿跟踪问题进行研究，并给出解决方案。

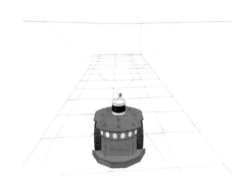

图 8-1　机器人通过长走廊

激光里程计方法中常见的问题通常在机器人通过长走廊的运动中出现，如图 8-1 所示。由该方法测量到的障碍物会产生非常相似的地标，很难确定机器人是停止的还是移动的。如果只简单地减小路径估计值，将会导致巨大的误差，并且可能会对建图过程中的数据关联产生影响。机器人在长走廊中的运动如图 8-2 所示。在某些情况下，一个配有额外传感器的机器人平台可能是上述问题的解决方案，并且该平台可以使用 IMU、车轮里程计（仅适用于平面室内地形）和 GPS（仅适用于室外情况）。

IMU 的作用是测量陀螺仪的精确角度。在激光里程计方法中经常会出现方位角误差，特别是机器人在狭窄走廊中运动时，如图 8-3 所示。

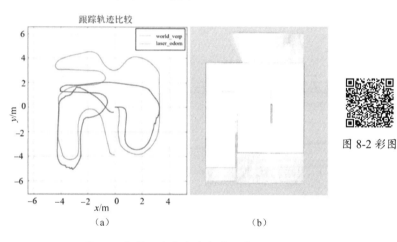

（a）　　　　　　　　　　　　（b）

图 8-2 彩图

图 8-2　机器人在长走廊中的运动

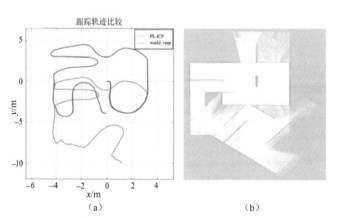

（a）　　　　　　　　　　　　（b）

图 8-3 彩图

图 8-3　机器人在狭窄走廊中的运动

　　然而，这些结果还不足以使用算法对其进行研究，需要研究出一种具体的位姿估算方法。基于范围流（Range Flow-Based Approach，RF2O）的方法采用静态环境假设[20]，通过估计器对障碍物进行动态滤波，根据传感器速度函数提供的观测标志点的运动计算机器人的运动。RF2O 方法使用单平面激光扫描 x 轴的位姿估计，而本节要求获得三维激光扫描测量。因此，将 RF2O 方法应用于本节的研究需要添加附加机制，即对三维点云的给定点进行平面激光测量转换。许多三维扫描仪已经具备这项功能[96]，但由于成本和更多障碍物检测要求，需要将对三维点云的给定点进行平面激光测量转换视为单独过程，如图 8-4 所示。在这个过程中，平面激光传感器数据是根据机器人的构型空间构造的，这意味着只有在机器人最小高度值与最大高度值之间测量的点云才会用于障碍物检测。因此，如果某个观察到的物体或障碍物边缘在最高配置平面路径之上，那么该物体将不被检测，但由于原始测量值保持不变，该物体在三维扫描中仍然可见。

图 8-4　激光里程计测量过程

　　通常将高低不平的地面假定为非结构化的工作空间，如图 8-5 所示。机器人在高低不平的地面上常会出现意外的动态行为。这意味着除陀螺仪可以很好地跟踪欧拉角 φ 和 θ 的动态变化外，机器人的基座可能会在不发生动作的情况下产生位移或因车轮滑动或打滑影响运动。本节将自适应蒙特卡洛定位（Adaptive Monte Carlo Localization，AMCL）位姿估计用于解决卡尔曼滤波器失效的滑动和绑架问题。图 8-6 所示为 AMCL 在 x 轴上估计的位姿，该图表明使用 AMCL 粒子滤波器对机器人位姿进行估计的过程在受到滑动或打滑等环境误差干扰的情况下是有效的。

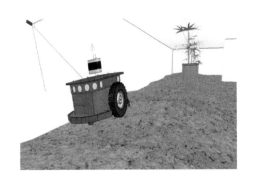

图 8-5　非结构化的工作空间

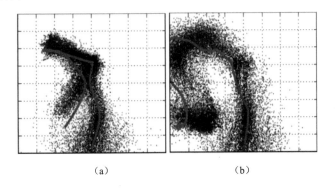

(a)　　　　　　　　(b)

图 8-6　AMCL 在 x 轴上估计的位姿

　　滑动是机器人运动过程中的常见问题，它会导致整个 SLAM 过程产生错误，并且通常会对地标数据关联产生很大影响。根据里程计增量，机器人被搬到工作区之外，但是在新的观测结果出现时，算法重新计算了一个新的位姿概率，由此得到看起来类似于"失联"的情况——机器人在丢失了一段路径后跳回正确的定位位置。这种情况是有可能发生的，这是由于蒙特卡洛定位（Monte Carlo Localization，MCL）具有从已知的障碍物中进行位姿采样的性质，因此它可以进行有效的全局定位。根据这一点，假设在局部帧中，通过 MCL 从观测到的障碍物中进行局部位姿采样，可以帮助解决由卡尔曼滤波器估计的里程计和惯性导航导致失败的问题。需要注意的是，MCL 不能使用不同的测量源，因此其只能处理来自一个信息源的里程信息，而卡尔曼滤波器可以处理多个不同的测量值。

　　可以通过以下方式在局部帧中实现 MCL，即局部位姿估计由 EKF 算法获得，EKF 算法根据来自 AMCL 粒子滤波器的位姿测量输入及给定的激光里程计数据、激光扫描测量值、激光里程计和惯性导航的增量数据。在这种方式中，一项非常重要的内容是所有测量过程必须是同步的，否则估计值将出现跳转。这是由于 AMCL 的计算是在获得里程计信息和激光传感器数据之后进行的。对于不同步的情况，一些估计值将基于当前数据和过去数据确定。地面不平整地形下的 EKF-AMCL 轨迹估计如图 8-7 所示。

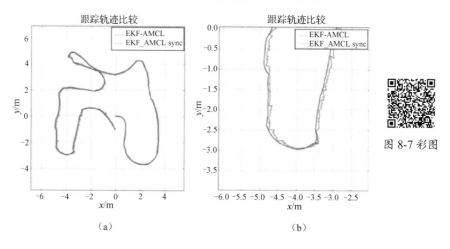

图 8-7　彩图

图 8-7　地面不平整地形下的 EKF-AMCL 轨迹估计

　　在分析了现有的 EKF 算法后，本节将把估计器作为位姿估计的基础[26]。该算法实现了开放和灵活的 EKF 算法和 ROS 接口。与其他估计算法[27]相比，该算法不仅提供了三维空间的位姿估计，还不受传感器输入数量限制，并对使用 ROS 数据消息帧有着严格要求。

　　将局部位姿跟踪表示为三个不同的位姿源（激光里程计、AMCL 粒子滤波、EKF）估计的一个三维里程测量数据结构，如图 8-8 所示。局部位姿跟踪包括 x 轴的位姿、坐标速度（$\dot{x}$、$\dot{y}$、$\dot{z}$、$\dot{\varphi}$、$\dot{\theta}$、$\dot{\psi}$）及其协方差。多传感器数据融合通过配置向量定制完成，变量与每个计算的坐标有关。对于 RF2O 激光里程计法的实现，除 x-y 平面上的坐标外，还包括对所有欧拉角的跟踪，这些变量可以用于位姿估计过程。由于在实验过程中，RF2O 方法的速度跟踪性能很弱，因此将其余值排除在该输入之外。由上文可知，所有

IMU 测量都是为了估计位姿。AMCL 仅由 (x,y) 坐标表示。

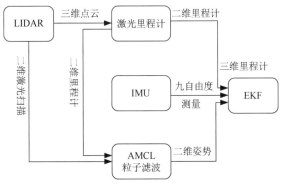

图 8-8　局部位姿估计

将局部估计 x 轴给出的位姿假设为六自由度，但考虑到运动限制，差分驱动机器人只能在三自由度下工作，因此为了达到路径规划和全局定位的目的，可以将状态向量视作通过在 x 轴简化全局定位解得到的，以满足三自由度的要求，同时 z、φ 和 θ 将不出现在 SLAM 过程中，可以用于其他目的。

$$x^{(3)} = \left\{ x^{(2)} z \varphi \theta \right\}^{\mathrm{T}} \tag{8-1}$$

值得注意的是，尽管在不同的场景中，同步和异步 EKF-AMCL 估计器的性能不同，但它们对整个 SLAM 过程和全局定位估计没有关键影响，其影响表现在范围更大的工作空间中。在长时间工作后，许多外观相同的地标与局部的"地图"相连。因此，需要启用传感器输入同步信息。机器人在不同场景中的运动如图 8-9 所示。由图 8-9 可得，异步方法失败将导致轨迹估计灾难（EKF-AMCL_unsync），同步方法则提高了定位估计的精度（EKF-AMCL_sync）。

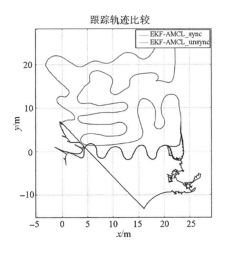

图 8-9 彩图

图 8-9　机器人在不同场景中的运动

本章研究的机器人位姿跟踪方法基于两种独立的定位技术（分别与局部坐标系和全局坐标系有关）。机器人平台中所有框架之间的转换连接如图 8-10 所示。其中，地图和里程计之间的转换由 Rao-Blackwellized 粒子过滤器 SLAM 执行，而里程计和底盘之间的转换通过给定三维点云和 IMU 测量值的局部位姿估计（EKF-AMCL 滤波器）执行。机器人平台框架之间的所有转换都是静态的。

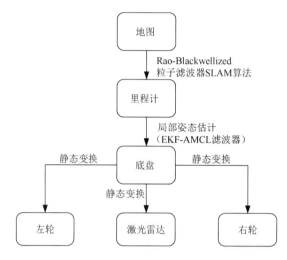

图 8-10 机器人平台中所有框架之间的转换连接

8.3.2 二维与三维联合建图方法

本节的地图由二维栅格图与三维栅格图构建。8.3.1 节所述的 SLAM 过程估计了 x 轴的位姿及由二元单元构建的全局二维栅格图，如图 8-11（a）所示。这张地图可用于室内和室外导航，但不适用于多层环境。对于特定的工作空间，需要附加三维测量。对此，已经有研究人员提出了一种三维地图概率框架的八叉树方法[30]。然而，两个独立的 SLAM 系统会给计算单元带来巨大的无效负载，甚至可能会相互干扰，进而大大降低位姿和地标的估计精度。当比较 Octomap SLAM 算法和 Rao-Blackwellized 粒子滤波器 SLAM 算法在同一环境中构建的二维地图时，从图 8-11 中可以看出，用本章提出的二维与三维联合建图方法构建的地图比由 Octomap SLAM 算法构建的三维八叉树地图更精确。

对于三维建图任务，可以将三维八叉树地图看作一种一定程度上的三维 SLAM 过程，可以使用已有的位姿构建地图，无须其他位姿估计计算。有效的三维点云数据关联需要包含所有自由度数据的状态信息。EKF-AMCL 计算的 x 轴坐标信息是局部的，在二维与三维联合建图方法的全局坐标中，只需要合并计算 x 轴坐标。其原理是通过应用式（8-1）的逆公式及给定的全局坐标和局部坐标中的 z、φ、θ 来构造全局值 $x_{\text{glob}}^{(3)}$，即

$$x_{\text{glob}}^{(3)} = \left\{ x_{\text{glob}}^{(2)} z \, \varphi \, \theta \right\}^{\text{T}} \qquad （8-2）$$

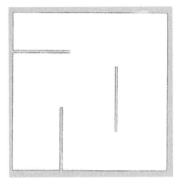 

（a）构建的全局二维栅格图　　　　（b）八叉树方法

图 8-11　构建的全局二维栅格图及方法

　　使用激光雷达测量出三维点云，并根据已知位姿构建三维栅格图。本章提出的算法流程图如图 8-12 所示。三维八叉树地图估计可以在探测期间在线执行，也可以从采集的数据中重新生成作为后置处理。可以通过减少放置在自主机器人上的计算单元负载，来生成可缩放的三维八叉树，但这需要数据存储设备的尺寸足够大，以便存储每个采样时间获得的激光测量值。本节构建地图的过程都是在线执行的。生成的可缩放三维八叉树地图如图 8-13 所示。

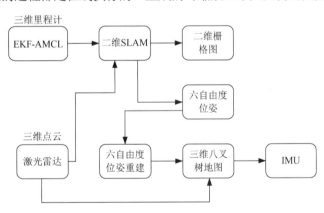

图 8-12　本章提出的算法流程图

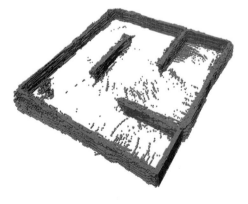

图 8-13　生成的可缩放三维八叉树地图

通过减少放置在自主机器人上的计算单元负载，可以有效地解决同一层室内和室外的地图构建问题，但在多层建筑的地图构建任务中却无法使用，这是由于该方法只适用于平面环境。这种情况可以通过系统扩展来解决，而系统扩展的方法是用于多层处理的附加子系统。其工作原理是基于隐藏的全局值 $x^{(3)}_{\text{glob}}$、二维 SLAM 和三维点云展开构建。在三维工作空间中 n 级平面表示可以看作由某个函数 f 连接的每个 i 级平面图的和，该函数用 $l_{z,i}$ 描述相邻两级二维图之间的几何关系，该关系与水平底面之间的距离有关，相关公式为

$$M^{(3)}_{pl} = \sum_{i=1}^{n} f\left(M^{(2)}_i, M^{(2)}_{i-1}, l_{z,i}\right) \tag{8-3}$$

在选定的记数法中，从 0 开始计数，因为 $i=0$ 表示底层平面。

单个机器人探测未知环境使用八叉树方法构建一张三维栅格图和一张二维地图。由于所有地图都用栅格表示，因此可以将这些栅格看作一个具有固定地形和路径规划的地图，并且其扩展算法易于应用。多级处理程序<主循环>步骤参见算法 8.1。

算法 8.1　多级处理程序<主循环>

要求：二维 SLAM，三维建图

1. $i \leftarrow 0$

2. 运行二维 SLAM 处理程序

3. 当系统运行时

4. 　　$l_i \leftarrow$ 计算等级（$M^{(3)}$）

5. 　　如果 $l_i \in L$，那么

6. 　　　$M^{(2)} \leftarrow$ 负载水平（l_i）

7. 　　否则

8. 　　　$M^{(2)} \leftarrow 0$

9. 　　结束假设

10. 　　$w \leftarrow$ 二维 SLAM 处理程序 {w 为二维 SLAM 处理程序返回的值，它与电平切换相关联}

11. 　　如果 $w=1$ 或 $w=-1$，那么

12. 　　　$l_i.\text{map} \leftarrow M^{(2)}$

13. 　　　$i \leftarrow i + w$

14. 　　否则

15. 　　　如果 $w=0$，那么

16. 　　　　$M^{(2)} \leftarrow 0$

17.	重新启动二维 SLAM 处理程序
18.	结束假设
19.	结束假设
20. 结束循环

二维 SLAM 多级处理程序步骤参见算法 8.2。

算法 8.2　二维 SLAM 多级处理程序

要求： 二维 SLAM，多级处理主线程

1. $i \leftarrow 0$

2. 当系统运行时

3. 　　如果 $z \rightarrow l_{ceil}$ 且 $\phi \rightarrow \pi/2$，那么

4. 　　　　{所有 z 和 ϕ 的变化观测都需要一段时间}

5. 　　　　重复

6. 　　　　　　$w \leftarrow 1$

7. 　　　　　　返回 w

8. 　　　　直到 $z \geqslant l_{ceil}$ 且 $\phi = 0$

9. 　　　$w \leftarrow 0$

10. 　　　　返回 w

11. 　　否则

12. 　　　　如果 $z \rightarrow -\infty$ 且 $\phi \rightarrow -\pi/2$，那么

13. 　　　　　重复

14. 　　　　　　$w \leftarrow -1$

15. 　　　　　　返回 w

16. 　　　　　直到 $z \ll l_{gnd}$ 且 $\phi = 0$

17. 　　　$w \leftarrow 0$

18. 　　　　　返回 w

19. 　　　结束假设

20. 　　结束假设

21. 结束循环

8.4 多机器人定位与建图

在 8.3 节中，基于 SLAM 的机器人探测方法可以被看作多机器人编队中单个机器人的环境探测系统。多机器人编队系统可分为多机器人建图和多机器人导航两个独立的部分。前者与一组机器人共同构建地图有关；后者与路径规划有关，用于基于全局规划器进行高效的未知环境探测。

多机器人编队 SLAM 是机器人研究方向中比较新颖的持续发展领域。其主要研究内容是如何通过对多个机器人采集的测量数据进行数据关联，构建一张全局地图。基于多机器人编队 SLAM 的数据处理方法主要集中在两种情况：一种情况是机器人的初始位姿已知或接近已知[97]，另一种情况是机器人的初始位姿未知[98]。第一种情况是机器人开始近距离定位，也就是可以观察到机器人自身或在机器人上放置活动的信标定位系统。在机器人的全局坐标系中追踪机器人的位姿是非常困难的。

研究人员首次在多机器人编队 SLAM 中应用粒子过滤器[99]时，通过使用 Rao-Blackwellized 粒子滤波器 SLAM 进行集中的地图构建，通过每个机器人的位姿来估计同一张地图。由于该过程需要一种连续的无线机器人通信且计算量庞大，因此该过程对机器人的数量有着严格限制。当机器人在探索过程中相遇（偶发的相遇事件）时，它们会在多机器人全局 SLAM 过程中触发一个新的粒子滤波器。一些研究人员认为机器人希望彼此相遇，而不是偶发的相遇事件[100]。还有一些研究人员提出了一种有趣的粒子滤波多机器人编队 SLAM 算法[101]，即机器人之间通信受限且初始位姿未知。在该算法中，每个机器人的位姿估计都是基于 FastSLAM 实现的，并且在每个相遇事件中，Rao-Blackwellized 粒子滤波器 SLAM 与每个机器人的 SLAM 一起构建全局地图。当评估完成时，粒子滤波器重新启动，机器人从相遇事件发生前的位姿继续完成其全局 SLAM 过程。然而，这种算法对机器人数量也有限制，对该算法的评估只能在由两个机器人构成的编队上进行。

机器人编队的方法是基于考虑将机器人构建的二维地图视为一张图像。栅格图可以看作图像，栅格与像素相关联。因此，可以将地图合并问题视为图像配准问题，从而通过计算机视觉技术解决图像合并问题，通过霍夫变换进行地图合并。对于给定的地图 M_1 和 M_2，可以通过矩阵 T 求出变换，平移 tr_x、tr_y 和旋转 tr_θ。矩阵 T 的表达式为

$$T = \begin{bmatrix} \cos(\mathrm{tr}_\psi) & -\sin(\mathrm{tr}_\psi) & \mathrm{tr}_x \\ \sin(\mathrm{tr}_\psi) & \cos(\mathrm{tr}_\psi) & \mathrm{tr}_y \\ 0 & 0 & 1 \end{bmatrix} \tag{8-4}$$

并且有

$$M_1 = T \cdot M_2 \tag{8-5}$$

获得的二维地图可以用每个地标的坐标和协方差矩阵来描述：

$$M_{\mathrm{rec}}^{(2)} = \sum_{i=1}^{N} \left\{ l_{x,i}, l_{y,i}, \Sigma_{jj} \right\} \tag{8-6}$$

使用 FastSLAM 算法实现多机器人地图合并中的机器人坐标如图 8-14 所示。

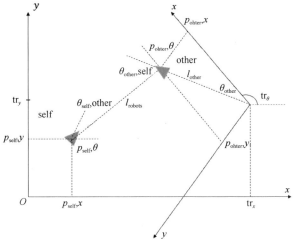

图 8-14　使用 FastSLAM 算法实现多机器人地图合并中的机器人坐标

因此，每个地标可以通过以下变换矩阵进行转换。

$$\begin{bmatrix} l_{x,i'} \\ l_{y,i'} \\ 1 \end{bmatrix} = \boldsymbol{T} \begin{bmatrix} l_{x,i} \\ l_{y,i} \\ 1 \end{bmatrix} \tag{8-7}$$

$$\sum i' = \boldsymbol{T}^{\mathrm{T}} \sum i \tag{8-8}$$

集中式全局变换方法的多机器人建图如图 8-15 所示。

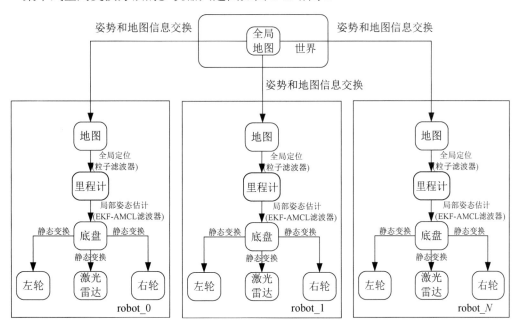

图 8-15　集中式全局变换方法的多机器人建图

在 EKF 估计过程中，将每个地标合并到机器人的全局地图中。

根据以上内容，可以得出结论：所有地图合并算法在重新生成每个机器人的初始位姿时都是具有挑战性的。针对这个问题有多种解决方法，其中一种最普遍和最常用的方法是机器人相遇期间的数据交换，称为集合点事件。将全局地图视为每个机器人全局帧合并的产物，如图 8-15 所示。上文基于单个机器人 SLAM 系统提供的所有机器人坐标系内转换的知识，允许机器人在本次相遇期间从任何机器人中获取所有测量数据。此外，由于该系统基于栅格图，因此可以通过霍夫变换矩阵对其进行图像处理，不需要进行额外的集中式全局多机器人编队 SLAM 过程。

地图合并可以在每个机器人上实现，也可以采用集中式的方式实现。前者提供了更通用的系统，但需要在每个机器人的计算单元上增加负载。后者通过将活动信标扩展到地图信息来解决，如图 8-16 所示，在这种情况下，当机器人离活动信标足够近时，数据交换将随时发生，然而，这种实现方式只适用于放置了活动信标的地形，因此成本较高。

不定期集合的数据交换方式似乎是一个更实际的地图合并解决方案，如图 8-17 所示。

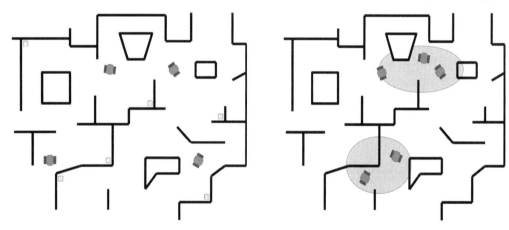

图 8-16　活动信标模式下的　　　　　图 8-17　多机器人编队地图合并中不定期集合
　　　　　多机器人地图合并　　　　　　　　　　　　的数据交换方式

多机器人编队 SLAM 算法需要通过算法 8.3 求解，该算法的步骤如下。

算法 8.3　地图合并——相遇事件中的数据交换

---

1. robot ← false

2. 　当系统运行时

3. 　　robot ← 检测机器人是否在范围内

4. 　　当 robot = true 时

5. 　　　发送 （交换请求）

6. 　　　response ← 接收（超时）

7.　　　　　如果 response = ready，那么

8.　　　　　　发送($M(2)$,$X(2)$)

9.　　　　　　$M_{\text{rec}}^{(2)}$, $X_{\text{rec}}^{(2)}$ ← 接收（超时）

10.　　　　　　$M(2)$ ← 合并地图($M(2)$,$X(2)T$, $M_{\text{rec}}^{(2)}$, $X_{\text{rec}}^{(2)}$)

11.　　　　　否则

12.　　　　　　发送（超时消息）

13.　　　　　结束假设

14.　　结束循环

15.　结束循环

在这种方式中机器人全局地图实际上就是地图，并在不定期集合事件中进行更新，理论上该方式对机器人数量没有限制。不定期集合数据变换方法的多机器人建图如图 8-18 所示。

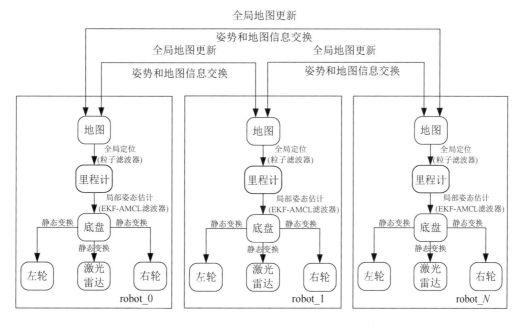

图 8-18　不定期集合数据变换方法的多机器人建图

地图合并算法的性能可以通过三个自主机器人的仿真实验来验证。多机器人编队 SLAM 算法建图效果如图 8-19 所示。多机器人编队 SLAM 算法建图过程如图 8-20 所示。利用 A*算法进行自主导航的机器人从场景的三个不同角落开始，目标位置位于场景中心。相遇前每个机器人的地图如图 8-20（a）～图 8-20（c）所示。相遇后计算得到的地图如图 8-20（d）所示。

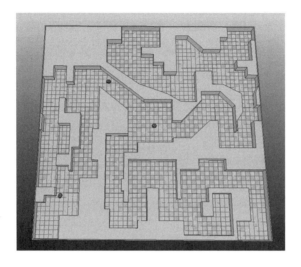

图 8-19　多机器人编队 SLAM 算法建图效果

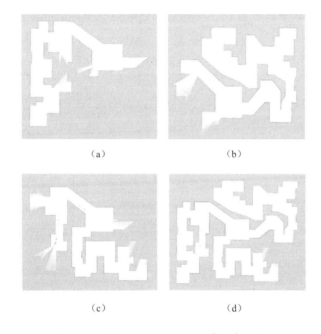

图 8-20　多机器人编队 SLAM 算法建图过程

8.5　本章小结

  本章在对位姿估计和定位技术进行深入研究的基础上，结合其他学者的研究成果，提出了一种基于混合 EKF 和 AMCL 估计的局部里程估计技术。在局部坐标中估计的机器人位姿是二维的并且可表示为数据融合的产物，其中 RF2O 激光里程计和惯性导航与 AMCL 粒子滤波方法一起用于位姿估计，并将定位数据传送到 EKF 进行进一步估计。因为 MCL 的计算是基于激光雷达测量值和激光里程计测量值的，而激光里程计也使用这些测量值，因此输入数据必须是同步的。输入数据的同步大大提高了机器人在各种环境中的位姿估计精度。为了提高全局定位的准确性，本章使用了 Rao-Blackwellizatied 粒子滤波器 SLAM 算法。

本章的建图过程分为两个准孤立的二维与三维建图过程。二维地图被表示为栅格图，通过上文所述的二维 SLAM 在线实现建图。由于同时使用不同的二维 SLAM 和三维 SLAM 建图会导致估计干扰和误差值减小，因此需要将其隔离开来。二维 SLAM 通过三维位姿重新生成算法传递了准确的位姿，这不仅使三维测量比二维激光扫描获得更精确的位姿估计值和地图估计值，还比三维 SLAM 所需的计算负载更少。此外，使用该方法构建的二维地图比使用三维 SLAM 构建的三维地图更准确，并且精度与三维地图相同。

第**9**章

基于 VSLAM 的几何地图构建算法

9.1 引言

　　VSLAM 技术是 SLAM 研究的一个分支，其主要利用单目相机、深度相机等视觉传感器获取环境信息，并通过 VSLAM 相关算法对环境信息进行处理，以构建稀疏地图、半稠密地图和稠密地图。ORB-SLAM 算法被广泛运用于 SLAM 研究工作中，它包括一般 VSLAM 系统的所有模块，主要为图像跟踪、局部建图、闭环检测等。前端 SLAM 算法利用 ORB 算法提取特征点，具有良好的鲁棒性。由于构建的是稀疏的三维地图，所以对系统性能要求不高，可以实时运行。LSD-SLAM 算法是一种单目 VSLAM 算法，与 ORB-SLAM 算法不同，该算法使用的是基于直接法的视觉里程计，对大范围的环境适用性较好，可以构建全局一致的半稠密地图。LSD-SLAM 算法主要由帧间追踪、深度估计和地图优化三个线程组成[102]。为了获取环境的稠密地图，提高地图的可读性，本章将研究一种基于 ORB 算法的 RGB-D SLAM 稠密建图算法，同时利用不同方法进行环境几何地图的构建对比实验。

　　本章结构安排如下：9.2 节为 RGB-D 三维建图算法；9.3 节为 ORB 算法；9.4 节为点云生成与点云配准；9.5 节为地图优化；9.6 节为实验与分析；9.7 节为本章小结。

9.2 RGB-D 三维建图算法

　　本节将研究一种 RGB-D SLAM 算法，其总体框架如图 9-1 所示，通过 Kinect V2 摄像头获取 RGB 图像和深度图像，在前端处理中，从获取的图像数据中筛选关键帧，利用 ORB 算法提取特征点，提高系统实时性，在筛选误匹配点后进行点云融合，并对地图进行优化，输出三维稠密地图[103]。

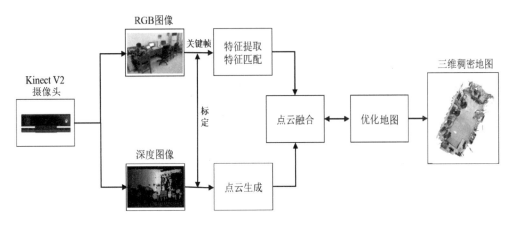

图 9-1　RGB-D SLAM 算法总体框架

9.3　ORB 算法

ORB 算法是 Rublee 等人提出的一种新型匹配算法，包括特征点提取（oFast）和特征点描述（rBRIEF）[104]。该算法的运算速度比传统的 SIFT 算法和 SURF（Speed Up Robust Feature，快速鲁棒性特征）算法快。表 9-1 所示为特征提取算法的比较。从表 9-1 中可以看出，ORB 算法的匹配效果明显优于另外两种算法。

表 9-1　特征提取算法的比较

特征提取算法	SIFT 算法	SURF 算法	ORB 算法
检测速度/s	5.77	1.62	0.05
匹配效果	1561/1542/691	1696/1768/796	500/500/246

原始 rBRIEF 不具备旋转不变性[105]，通过对其施加特征点质心方向 θ，可在一定程度上解决此问题，根据图像块的旋转信息 θ 和相应的旋转矩阵 $\boldsymbol{R}_\theta$，可以得到一个新的矩阵：

$$\boldsymbol{D}_\theta = \boldsymbol{R}_\theta \boldsymbol{D} \qquad (9\text{-}1)$$

通过上述方法，可得到具有旋转不变性的 rBRIEF，即

$$g_n(p,\theta) = f_n(p)\,|\,(x_i,y_i)\in \boldsymbol{R}_\theta \qquad (9\text{-}2)$$

图 9-2 所示为用 FAST 算法、BRISK 算法、ORB 算法对实验室某局部环境进行特征检测获得的图。由图 9-2 可以发现 ORB 算法检测出的特征点较少，在节约系统资源的同时可以提高特征点的利用效率。

ORB 算法在进行特征提取时常使用粗提取方法，这会造成大量误匹配，因此选取 RANSAC 算法对特征点进行筛选。RANSAC 算法流程如下。

（a）FAST 算法特征检测　　（b）BRISK 算法特征检测　　（c）ORB 算法特征检测

图 9-2　用 FAST 算法、BRISK 算法、ORB 算法对实验室某局部环境进行特征检测获得的图

（1）设立内群。

从样本集中抽取包含四个样本的子集，将其设为内群。

（2）建立内群模型。

根据样本子集，求解变换矩阵 M，建立内群模型，公式如下：

$$M = t \begin{bmatrix} u' \\ v' \\ 1 \end{bmatrix} = \begin{bmatrix} h_{11} & h_{12} & h_{13} \\ h_{21} & h_{22} & h_{23} \\ h_{31} & h_{32} & h_{33} \end{bmatrix} \begin{bmatrix} u \\ v \\ 1 \end{bmatrix} \tag{9-3}$$

式中，t 为尺度参数；(u,v) 为目标图像角点位置；(u',v') 为场景中目标图像的对应位置。

（3）判断阈值。

计算样本集内余点与 M 的投影误差，判断是否为内群，公式如下：

$$\sum_{i=1}^{n} \left(u_i' \frac{h_{11}u_i + h_{12}v_i + h_{13}}{h_{31}u_i + h_{32}v_i + h_{33}} \right)^2 + \left(v_i' \frac{h_{21}u_i + h_{22}v_i + h_{23}}{h_{31}u_i + h_{32}v_i + h_{33}} \right)^2 \tag{9-4}$$

（4）迭代计算。

根据目前内群个数判断样本子集是否为最优集，并对其进行迭代计算。

对相邻帧执行 ORB 算法，并使用 RANSAC 算法对特征点进行筛选。图 9-3 所示为筛选后的匹配结果。由图 9-3 可知，该算法可以有效对特征点进行筛选，提高特征匹配的准确性。

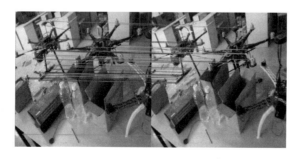

图 9-3　筛选后的匹配结果

9.4 点云生成与点云配准

9.4.1 点云生成

从二维图像中提取几何信息必须先得到相机的内部参数，基于 VSLAM 的几何地图构建系统，使用经典的张正友标定方法标定深度相机，以得到相机的内部参数。相机标定图如图 9-4 所示。使用深度相机从不同角度观察标定板，采集图像，并进行标定。通过对深度相机进行正确标定，可以得到三维点云中任意点的坐标信息[105]。

图 9-4 相机标定图

从联合标定的彩色图像和深度图像中，可以得到坐标为 (u,v)、深度为 d 的像素。三维坐标可以表示为

$$[x,y,z]^{\mathrm{T}} = \left[\frac{(u-c_x)z}{f_x}, \frac{(v-c_y)z}{f_y}, \frac{d}{s}\right]^{\mathrm{T}} \tag{9-5}$$

式中，f_x、f_y 分别为相机在 x 轴、y 轴的焦距；c_x、c_y 分别为像素坐标系与成像平面的平移量，可通过相机的内部参数得到；s 为深度图像的缩放系数。

9.4.2 点云配准

点云配准是建立点云地图的必要步骤，只有经过点云配准拼接，才能构建精准的全局地图，如图 9-5 所示。进行点云配准要先获得相机的位姿信息，然后通过相邻帧间的旋转变换，将两帧的坐标系转换为同一坐标系，在配准完成后再进行点云拼接。

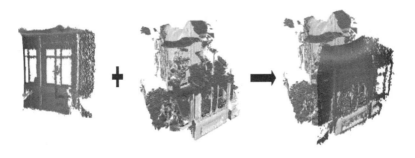

图 9-5 点云配准

基于 VSLAM 的几何地图构建系统使用 ICP 算法计算相机位姿。ICP 算法的基本原理就是按照一定约束条件，在目标点云和源点云中找到最邻近点，并求出最优的匹配参数，该算法的步骤参见算法 9.1[106]。

算法 9.1 ICP 算法

输入：两个三维点集 x 和 y

1：计算 y 中的每一个点在 x 中的对应点

2：求解使上述对应点对平均距离最小的刚体变换，并求解平移参数和旋转参数

3：对 y 中的每一个点在 x 中的对应点使用上一步求出的平移参数和旋转参数，得到新的变换点集

4：如果新的变换点集与参考点集满足两点集的平均距离小于某一给定阈值

5：那么停止迭代计算，退出

6：否则

7：新的变换点集作为新的 y 继续迭代

9.5 地图优化

点云生成与点云配准产生的误差和设备产生的误差会对位姿估计结果产生较大影响，基于 VSLAM 的几何地图构建系统仍然采用 RANSAC 算法进行位姿优化，以减小误差。首先，选择匹配对，利用 ICP 算法估计变换矩阵 T；其次，建立模型，设置内群的筛选条件，进行阈值判断；最后，根据目前内群个数判断其是否为最优集，并进行迭代计算，将内群个数最多的变换矩阵 T 作为估计位姿。经过位姿优化，基于 VSLAM 的几何地图构建系统的准确度得到提高。

闭环检测模块是地图优化环节至关重要的部分，用于在建图即将完成时对全局地图进行回环检测，以确定闭环。因为全局地图中的地图点数据量过大，所以一般该模块不对地图点进行处理，而对相机位姿进行优化，以减小或消除累积误差。在回环检测中，词袋模型发挥了非常重要的作用。

词袋模型的原理可以理解为生活中查词典的方法，先建立一个词典，在需要用到该词典中的单词时，再进行查找比对，其主要步骤如下。

（1）提取每张图像的特征点和特征描述，计算两个特征描述间的距离。

（2）使用 K-means 算法对这些特征描述进行聚类，类别的个数就是词典中的单词数。K-means 算法的步骤参见算法 9.2。

算法 9.2 K-means 算法

输入：k 个中心点 c_1、c_2、$\cdots$、c_k

1. 计算每个样本与中心点的距离

2. 取样本与中心点的最小距离作为归类依据

3. 重新计算每个类的中心点

4．如果每个类的中心点变化很小

5．那么算法收敛，退出

6．否则

7．返回第 1 步

（3）利用树的形式描述词典，以降低算法的时间复杂度，加快信息处理速度。树形结构模型如图 9-6 所示。

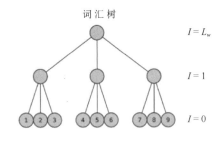

图 9-6　树形结构模型

（4）根据单词的一致性判断场景是否重合。

9.6　实验与分析

9.6.1　机器人系统配置

本节实验采用引导机器人 1 号机作为实验机器人平台，其机身设有支架，用于支撑；支架上方设有视觉采集器安装杆，用于绑定视觉采集器；支架中部设有支撑板，用于放置电脑；支撑板上设有限位杆，用于提供限位保护。另外，机器人还配备了加强杆、支脚、支撑杆，用于支撑或稳定机身。本节实验采用 Kinect V2 摄像头。该摄像头可以根据光线获得图像深度，对三维空间进行一定还原，可用性更强。本节实验通过激光雷达发射激光束，来探测目标的位置、速度等特征，进而辅助机器人进行更精准的定位。引导机器人 1 号机如图 9-7 所示。下面主要从引导机器人 1 号机的支撑和外观方面来介绍实验机器人平台的硬件组成部分。

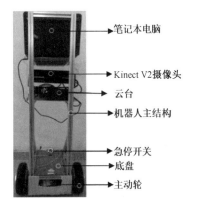

图 9-7　引导机器人 1 号机

控制系统平台可启动节点管理器，也可作为引导机器人 1 号机的"大脑"和与服务器端通信的"中枢"，与各类传感器进行连接，在获取数据后将数据传往服务器进行数据处理。控制系统在处理信息并将处理结果返回后执行下一步任务，通常可由笔记本电脑或微型主机充当。

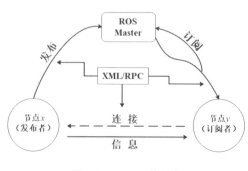

图 9-8　ROS 工作模式

本节的机器人平台使用具有分布式结构特点的 ROS，其每个功能模块以节点为单位运行，可以被单独设计和编译，ROS 依附于 Linux 操作系统，是开源的。ROS 中最重要的部分是节点和话题。例如，使用机器人的主动轮要开启主动轮的功能节点，打开主动轮相应话题，通过发布和订阅话题的形式传送消息。ROS 通信基于 TCP/IP，底层协议为 ROSTCP/ROSUDP，其工作模式如图 9-8 所示。本节机器人平台基于 Ubuntu18.04，采用 Melodic 版本的 ROS。

9.6.2　几何地图构建

本节实验在实验室环境中进行。实验环境全景如图 9-9 所示。该环境中有办公桌、机器人、空调、柜子等物体。

图 9-9　实验环境全景

本节实验使用搭载单目相机和 Kinect V2 摄像头的引导机器人 1 号机。引导机器人 1 号机匀速、缓慢地对实验环境进行扫描，分别使用 ORB-SLAM 算法和 RGB-D SLAM 算法构建稀疏地图和三维稠密地图。构建的几何地图如图 9-10 所示。

图 9-10 彩图

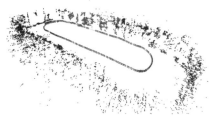

（a）ORB-SLAM 算法构建的稀疏地图

（b）RGB-D SLAM 算法构建的三维稠密地图

图 9-10　构建的几何地图

9.6.3　分析与评估

图 9-10（a）中的红色为机器人的位姿，点为实验环境中物体的几何信息。在构建地图的过程中我们发现，稀疏地图的构建更为流畅，用时较短，但是，构建的地图可读性较差，不能直观地反映真实环境。相比之下，三维稠密地图更为清晰直观，但是由于计算量过大，该地图的构建速度更慢。

图 9-11 所示为采用 TUM 数据集运行稀疏地图构建算法和三维稠密地图构建算法产生的误差分析图，该图可用于评估基于 VSLAM 的几何地图构建系统的性能，还可用于估计系统的漂移。由图 9-11 可以看出，本节提出的 RGB-D SLAM 算法性能良好。

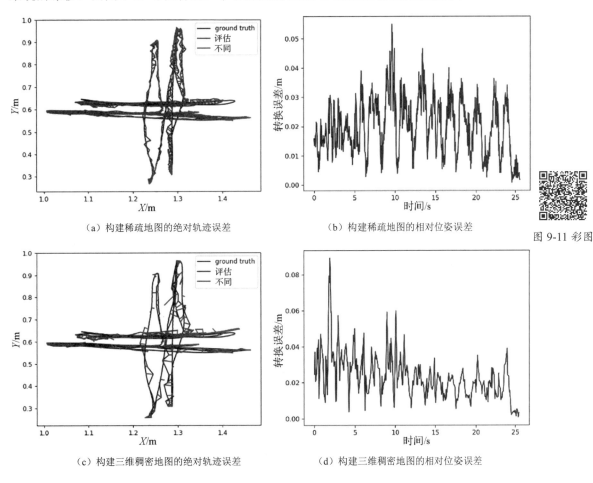

（a）构建稀疏地图的绝对轨迹误差　　　　　（b）构建稀疏地图的相对位姿误差

图 9-11 彩图

（c）构建三维稠密地图的绝对轨迹误差　　　（d）构建三维稠密地图的相对位姿误差

图 9-11　采用 TUM 数据集运行稀疏地图构建算法和三维稠密地图构建算法产生的误差分析图

9.7 本章小结

本章研究了基于 VSLAM 的几何地图构建算法，算法介绍部分先提出了系统的整体框架；然后阐述了该系统运行过程中涉及的关键算法；最后利用机器人平台进行了几何地图构建实验，分别使用稀疏地图构建算法和三维稠密地图构建算法构建了实验室几何地图，并使用 TUM 数据集评估了系统性能，对三维稠密地图构建算法和稀疏地图构建算法进行了分析对比。

第**10**章

基于视觉与定位系统融合的地图构建

10.1 引言

在过去，国内外的许多机器人系统都依赖二维传感器进行地图构建、定位和运动规划，三维传感器在这些系统中的应用很少。这主要是因为在 RGB-D 摄像头发布之前，市场上的三维传感器不仅价格昂贵而且功能有限，所以室内环境中使用的机器人地图往往用二维栅格图来表示。然而，在现实场景中，机器人必须面对三维环境。机器人可以获得和使用三维环境中的信息，有利于其完成高级任务。这就涉及一个问题——如何使用目前流行的 RGB-D 摄像头构建室内环境的三维地图，利用各类视觉传感器进行同步定位与建图。该问题被称为 VSLAM 问题[107]。

传统的基于 RGB-D 摄像头的立体视觉研究主要借助于多图像成像技术，从多张图像中获取三维场景中物体的距离信息。其思路是从不同视角观察同一场景，以获得同一场景在不同视角下的一组图像，从而推断该场景中的目标的位置。其前提是，建立两张图像之间的对应关系。典型的立体视觉研究需要解决的主要问题是摄像头标定、立体匹配和场景重建。然而大多数基于摄像头的可视化建图算法只能创建缺乏距离信息的、尺度未知的度量地图。利用 RGB-D 摄像头，可以创建尺度已知的地图。与普通的摄像头相比，RGB-D 摄像头不仅可以捕获普通的摄像头捕获的信息，还可以解决普通的摄像头在应用中存在的受光线影响大和无法确定物理尺度的难题。此外，与使用激光测距仪构建地图相比，使用 RGB-D 摄像头构建地图的成本更低。

本章将介绍一种使用 RGB-D 摄像头进行三维室内建图的方法。三维室内建图的目标是创建室内环境的数字化形式，可以用于该环境中的自动定位或环境重建。目前，大多数三维建图研究工作都使用从 RGB 图像中提取的特征。然而，在环境缺乏特征或摄像头剧烈运动等情况下，视觉特征的鲁棒性较差。本章提出了一种观点——运动数据对于三维建图可以起到与颜色信息相同的作用。为此，本章借助运动捕捉系统获取运动数据，并提出一种融合策略将运动数据和颜色数据结合起来，以克服单一信息来源的局限性。此外，为了得到整个室内环境的三维地图，不仅需要从不同视角获取环境的 RGB 图像和深度图像，还需要将来自不同视角的点云数据合并到同一共享帧中。解决该问题的关键是匹配这些点云数据。为解决此问题，本章提出了一种 MICP 算法。

本章结构安排如下：10.2 节为 RGB-D 信息获取的原理；10.3 节为基于 RGB-D 摄像头的 VSLAM 系统构建；10.4 节为基于图像数据与运动数据融合的三维建图；10.5 节为实验与分析，介绍关于本章所提算法的实验过程，并分析了实验结果；10.6 节为本章小结。

10.2　RGB-D 信息获取的原理

近年来，随着不同类型三维传感器的发展，三维建图受到人们越来越多的重视。在机器人定位、建图和导航等应用中，三维激光扫描仪、时差测距仪和 RGB-D 摄像头可用于获取三维环境信息。与传统的立体摄像头相比，RGB-D 摄像头不仅能提供常规的 RGB 图像，而且能提供深度信息，如微软的 Kinect 摄像头和华硕的 Xtion Pro Live 摄像头，如图 10-1 所示。RGB-D 摄像头使用了距离成像技术，这意味着其生成的二维图像显示了一个场景中特定点到另一些点的距离，称该图像为深度图像，它包含的值相当于距离值。将彩色信息和深度信息融合就能创建一个由点云数据表示的三维地图。

（a）Kinect 摄像头　　　　　　　　　（b）Xtion Pro Live 摄像头

图 10-1　RGB-D 摄像头

Kinect 摄像头是由红外点云发射器、红外探测器和彩色相机组成的多传感器组合体。红外点云发射器和红外探测器组成了一种能生成随机点云结构光的三维成像系统。其原理可以概括为，先使用结构光的三维成像系统获得环境的深度信息，然后利用坐标变换将深度信息与颜色信息融合，从而获得 RGB-D 数据，具体实现过程如下。

（1）使用 Kinect 摄像头获取一张参考点云图像。获取图像时的具体要求是将 Kinect 摄像头放置在与能充满整个红外相机视野平面相距一定距离处，并且保证红外探测器的光轴与该平面垂直，将该参考点云图像及距离值保存到内置闪存中。

（2）在使用 Kinect 摄像头进行实时成像的过程中，需要先对实时采集的图像中的每个像素点设定一个窗口，通常将该窗口的大小设置为 9dpi×9dpi；然后通过与（1）中保存在内置闪存中的图像进行相关度匹配计算视差；最后根据视差计算像素点对应的深度值。

（3）依据红外探测器和彩色相机的标定参数进行坐标变换，将深度信息和彩色信息融合，获得 RGB-D 数据。

Kinect 摄像头可以获得两种不同类型的图像，它们分别是 RGB 图像和深度图像。RGB 图像由分辨率为 640dpi×480dpi 的常规彩色传感器获取。深度图像由一个与彩色传感器具有相同分辨率的深度传感器获取。三维点云数据可以使用 RGB 图像和深度图像进行重建。使用 Kinect 摄像头对实验室的一个角落进行三维建图的典型例子如图 10-2 所示。

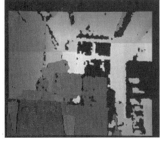

（a）RGB 图像　　　　　　（b）深度图像　　　　　（c）单视角三维点云图

图 10-2　使用 Kinect 摄像头对实验室的一个角落进行三维建图的典型例子

10.3　基于 RGB-D 摄像头的 VSLAM 系统构建

10.3.1　VSLAM 系统模块

本章构建的 VSLAM 系统包括三个主要的模块：信息采集模块、运算处理模块及建图与更新模块。VSLAM 系统框架图如图 10-3 所示。

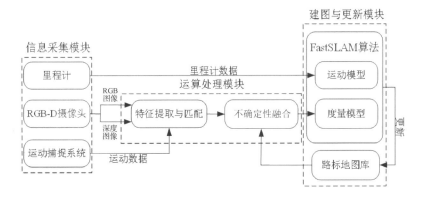

图 10-3　VSLAM 系统框架图

1）信息采集模块

图 10-3 中的里程计、RGB-D 摄像头和运动捕捉系统组成了 VSLAM 系统的信息采集模块。里程计数据是机器人在局部坐标系中的位置，其作用是依据运动公式，与前一时刻的数据对比，确定当前时刻机器人的控制输入。在理论上，RGB-D 摄像头获取的 RGB-D 图像数据和深度图像数据与里程计数据是同步的，但里程计数据的发送速度更快。常采取的解决办法是在数据采集时为里程计数据和 RGB-D 数据附加一个时间戳，并通过求出时间差及机器人的当前速度得出与 RGB 图像和深度图像一致的里程计数据[108]。

2）运算处理模块

运算处理模块对 RGB 图像和深度图像分别进行特征提取，并将提取的特征进行匹配。对于 RGB 图像常用 SURF 算法进行特征提取，而对于深度图像需要提取其点云特征。此外，不确定性融合的目的是确定相机在噪声中的准确位置[109]。

3）建图与更新模块

建图与更新模块的作用是使用 FastSLAM 算法对室内环境进行三维建模、对机器人进行定位，以及对三维地图和机器人位姿进行不断更新。

10.3.2　机器人系统建模

机器人系统模型由描述机器人运动的运动模型和展示传感器数据如何插入系统框架的度量模型组成。要构建基于 RGB-D 摄像头的 VSLAM 系统，首先要测量车轮的里程计数据和陀螺仪数据；其次要对机器人采用合适的运动模型；最后要将由视觉测量法获得的测量值与里程计数据、陀螺仪数据融合，并且使用 FastSLAM 算法[110]作为运动模型。下面将对运动模型和度量模型的主要特性进行说明。

机器人在 k 时刻的状态向量 $\boldsymbol{x}_k$ 有一个三维位姿（一个三维的位置和一个三维的方向），即

$$\boldsymbol{x}_k = \left[X_k, Y_k, Z_k, \varphi_k, \theta_k, \psi_k \right]^{\mathrm{T}} \tag{10-1}$$

式中，X_k、Y_k 和 Z_k 分别为机器人在绝对坐标系中的位置；φ_k、θ_k 和 ψ_k 分别为绕 x 轴、y 轴和 z 轴的滚动角、俯仰角和偏航角。定义滚动角、俯仰角和偏航角如图 10-4 所示。假设机器人在 x 轴方向和 y 轴方向的运动速度为 v_k，围绕绝对坐标系 z 轴的角速度（也就是偏航角）对时间的导数为 ω_k。

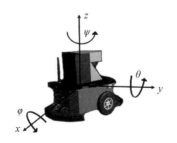

图 10-4　定义滚动角、俯仰角和偏航角

将 v_k 和 ω_k 加入式（10-1）得到一个扩展状态向量：

$$\boldsymbol{x}_k = \left[X_k, Y_k, Z_k, \varphi_k, \theta_k, \psi_k, v_k, \omega_k \right]^{\mathrm{T}} \tag{10-2}$$

由于采样时间不同，因此将从 $k-1$ 时刻到 k 时刻的采样时间表示为 T_k。

将系统作为一个状态空间模型进行建模，它的一般形式为

$$x_{k+1} = f(x_k, u_k) + w_k \tag{10-3}$$

$$y_k = h(x_k, u_k) + e_k \tag{10-4}$$

式中，w_k 和 e_k 的平均值的协方差矩阵分别是 Q 和 R，即

$$w_k \sim N(0, Q) \tag{10-5}$$

$$e_k \sim N(0, R) \tag{10-6}$$

u_k 为系统的直接输入。由于系统使用特征向量作为输入，不会有任何直接输入进入系统，因此 u_k 可以直接忽略，此时式（10-4）是线性的，可简化为

$$\begin{aligned} y_k &= h(x_k) + e_k \\ &= Cx_k + e_k \end{aligned} \tag{10-7}$$

此时式（10-3）仍是非线性的。

1. 运动模型

当运行 FastSLAM 算法时，如果算法中缺少运动模型，那么该算法将严重依赖包含足够多的可重复检测地标的连续图像流。为了减少 FastSLAM 算法对地标的依赖，本章提出了一种性能良好的运动模型。FastSLAM 算法中的粒子滤波器使用一个具有六自由度的运动模型（包括一个三维位置和一个三维方向）来估计机器人的位姿。粒子滤波器融合了车轮里程计、陀螺仪和视觉里程计的数据。给定式（10-1）中状态向量的广义运动模型，相关公式为

$$x_{k+1} = \begin{bmatrix} X_{k+1} \\ Y_{k+1} \\ Z_{k+1} \\ \varphi_{k+1} \\ \theta_{k+1} \\ \psi_{k+1} \end{bmatrix} = f(x_k) + w_k = \begin{bmatrix} X_k \\ Y_k \\ Z_k \\ \varphi_k \\ \theta_k \\ \psi_k \end{bmatrix} + w_k \tag{10-8}$$

状态向量的广义运动模型可以模拟围绕坐标轴的恒定位置和固定角。它比较简单，对于一个机器人来说这不是一个准确的模型[111]。

通过如式（10-2）所示的扩展状态向量得到的动态模型：

$$x_{k+1} = \begin{bmatrix} X_{k+1} \\ Y_{k+1} \\ Z_{k+1} \\ \varphi_{k+1} \\ \theta_{k+1} \\ \psi_{k+1} \\ v_{k+1} \\ \omega_{k+1} \end{bmatrix} = f(x_k) + w_k = \begin{bmatrix} X_k + T_k v_k \cos\psi_k \\ X_k + T_k v_k \sin\psi_k \\ 0 \\ 0 \\ 0 \\ \psi_k + T_k \omega_k \\ v_k \\ \omega_k \end{bmatrix} + w_k \tag{10-9}$$

这个模型可用于描述二维运动，即机器人总是在一个垂直位置匀速运动。相对于广义运动模型，这个模型更适合实验装置。

使用当前的偏航角 ψ_k 和角速度 ω_k 以一种更复杂的方式进一步扩展运动模型，即使用极线速度得到一个二维协调转弯模型：

$$\boldsymbol{x}_{k+1} = \begin{bmatrix} X_{k+1} \\ Y_{k+1} \\ Z_{k+1} \\ \varphi_{k+1} \\ \theta_{k+1} \\ \psi_{k+1} \\ v_{k+1} \\ \omega_{k+1} \end{bmatrix} = \boldsymbol{f}(\boldsymbol{x}_k) + \boldsymbol{w}_k = \begin{bmatrix} X_k + \dfrac{2v}{\omega_k}\sin\dfrac{\omega_k T_k}{2}\cos\left(\psi + \dfrac{\omega_k T_k}{2}\right) \\ X_k + \dfrac{2v}{\omega_k}\sin\dfrac{\omega_k T_k}{2}\sin\left(\psi + \dfrac{\omega_k T_k}{2}\right) \\ 0 \\ 0 \\ 0 \\ \psi_k + T_k\omega_k \\ v_k \\ \omega_k \end{bmatrix} + \boldsymbol{w}_k \quad (10\text{-}10)$$

2. 度量模型

度量模型可用于定义传感器的测量值和状态之间的关系。本章系统中包含车轮里程计、陀螺仪和视觉里程计三个传感器。这三个传感器以不同方式产生度量模型。本章系统会使用车轮里程计来测量机器人车轮的速度。Pioneer-3DX 机器人通过特殊的硬件配置和速度一体化来获得 X_k、Y_k、ψ_k 和速度 v_k 的测量值。与车轮里程计的度量模型相关的公式为

$$\boldsymbol{y}_{\text{odom},k} = \boldsymbol{C}_{\text{odom}}\boldsymbol{x}_k + \boldsymbol{e}_{\text{odom},k}(d)$$

$$= \begin{bmatrix} 1 & 0 & 0 & 0 & 0 & 0 & 0 & 0 \\ 0 & 1 & 0 & 0 & 0 & 0 & 0 & 0 \\ 0 & 0 & 0 & 0 & 0 & 1 & 0 & 0 \\ 0 & 0 & 0 & 0 & 0 & 0 & 1 & 0 \end{bmatrix} \begin{bmatrix} X_k \\ Y_k \\ Z_k \\ \varphi_k \\ \theta_k \\ \psi_k \\ v_k \\ \omega_k \end{bmatrix} + \boldsymbol{e}_{\text{odom},k}(d) \quad (10\text{-}11)$$

$$= \begin{bmatrix} X_k \\ Y_k \\ \psi_k \\ v_k \end{bmatrix} + \boldsymbol{e}_{\text{odom},k}(d)$$

式中，$\boldsymbol{e}_{\text{odom},k}(d)$ 为传感器噪声。因为车轮里程计测量的状态从初始位置不断递增并更新，所以传感器噪声也在不断增加。将高斯噪声模型作为简化的噪声模型，相关公式为

$$e_{\text{odom},k}(d) \sim N\left(0, \boldsymbol{R}_{\text{odom}}(d)\right) \tag{10-12}$$

式中，协方差矩阵 $\boldsymbol{R}_{\text{odom}}(d)$ 取决于行进距离 d，如 $\boldsymbol{R}_{\text{odom}}(d) = d\boldsymbol{S}$。其中，$\boldsymbol{S}$ 对于特定传感器在形式上是恒定协方差矩阵的设计参数。

机器人有一个单轴陀螺仪，它可以用来测量围绕 z 轴的偏航角和角速度，相关公式为

$$\boldsymbol{y}_{\text{gyro},k} = \boldsymbol{C}_{\text{gyro}} \boldsymbol{x}_k + \boldsymbol{e}_{\text{gyro},k}$$

$$= \begin{bmatrix} 0 & 0 & 0 & 0 & 0 & 1 & 0 & 0 \\ 0 & 0 & 0 & 0 & 0 & 0 & 0 & 1 \end{bmatrix} \begin{bmatrix} X_k \\ Y_k \\ Z_k \\ \varphi_k \\ \theta_k \\ \psi_k \\ v_k \\ \omega_k \end{bmatrix} + \boldsymbol{e}_{\text{gyro},k} = \begin{bmatrix} \psi_k \\ \omega_k \end{bmatrix} + \boldsymbol{e}_{\text{gyro},k} \tag{10-13}$$

将噪声 $\boldsymbol{e}_{\text{gyro},k}$ 建模为零均值的高斯噪声，相关公式为

$$\boldsymbol{e}_{\text{gyro},k} \sim N\left(0, \boldsymbol{R}_{\text{gyro}}\right) \tag{10-14}$$

视觉里程计提供的信息来自 Kinect 摄像头的彩色传感器和深度传感器。来自后期处理数据的有用数据是对机器人三维位姿的完整估计数据，相关公式为

$$\boldsymbol{y}_{\text{vo},k} = \boldsymbol{C}_{\text{vo}} \boldsymbol{x}_k + \boldsymbol{e}_{\text{vo},k}\left(\text{vo}_{\text{trust}}\right)$$

$$= \begin{bmatrix} 1 & 0 & 0 & 0 & 0 & 0 & 0 & 0 \\ 0 & 1 & 0 & 0 & 0 & 0 & 0 & 0 \\ 0 & 0 & 1 & 0 & 0 & 0 & 0 & 0 \\ 0 & 0 & 0 & 1 & 0 & 0 & 0 & 0 \\ 0 & 0 & 0 & 0 & 1 & 0 & 0 & 0 \\ 0 & 0 & 0 & 0 & 0 & 1 & 0 & 0 \\ 0 & 0 & 0 & 0 & 0 & 0 & 1 & 0 \\ 0 & 0 & 0 & 0 & 0 & 0 & 0 & 1 \end{bmatrix} \begin{bmatrix} X_k \\ Y_k \\ Z_k \\ \varphi_k \\ \theta_k \\ \psi_k \\ v_k \\ \omega_k \end{bmatrix} + \boldsymbol{e}_{\text{vo},k}\left(\text{vo}_{\text{trust}}\right) = \begin{bmatrix} X_k \\ Y_k \\ Z_k \\ \varphi_k \\ \theta_k \\ \psi_k \\ v_k \\ \omega_k \end{bmatrix} + \boldsymbol{e}_{\text{vo},k}\left(\text{vo}_{\text{trust}}\right) \tag{10-15}$$

这里将高斯噪声 $\boldsymbol{e}_{\text{vo},k}\left(\text{vo}_{\text{trust}}\right)$ 建模为

$$\boldsymbol{e}_{\text{vo},k} \sim N\left(0, \boldsymbol{R}_{\text{vo}}\left(\text{vo}_{\text{trust}}\right)\right) \tag{10-16}$$

度量噪声 $\boldsymbol{R}_{\text{vo}}\left(\text{vo}_{\text{trust}}\right)$ 取决于以非线性方式变化的参数 vo_{trust}。

将上述三种度量模型串联起来就得到了一个整体的度量模型，相关公式如下：

$$\boldsymbol{y}_k = \begin{bmatrix} \boldsymbol{y}_{\text{odom},k} \\ \boldsymbol{y}_{\text{gyro},k} \\ \boldsymbol{y}_{\text{vo},k} \end{bmatrix} = \begin{bmatrix} \boldsymbol{C}_{\text{odom}} \\ \boldsymbol{C}_{\text{gyro}} \\ \boldsymbol{C}_{\text{vo}} \end{bmatrix} \boldsymbol{x}_k + \begin{bmatrix} \boldsymbol{e}_{\text{odom},k} \\ \boldsymbol{e}_{\text{gyro},k} \\ \boldsymbol{e}_{\text{vo},k} \end{bmatrix} = \boldsymbol{C} \boldsymbol{x}_k + \boldsymbol{e}_k \tag{10-17}$$

式中，矩阵 $\boldsymbol{C}$ 为

$$\boldsymbol{C} = \begin{bmatrix} 1 & 0 & 0 & 0 & 0 & 0 & 0 & 0 \\ 0 & 1 & 0 & 0 & 0 & 0 & 0 & 0 \\ 0 & 0 & 0 & 0 & 0 & 1 & 0 & 0 \\ 0 & 0 & 0 & 0 & 0 & 0 & 1 & 0 \\ 0 & 0 & 0 & 0 & 0 & 1 & 0 & 0 \\ 0 & 0 & 0 & 0 & 0 & 0 & 0 & 1 \\ 1 & 0 & 0 & 0 & 0 & 0 & 0 & 0 \\ 0 & 1 & 0 & 0 & 0 & 0 & 0 & 0 \\ 0 & 0 & 1 & 0 & 0 & 0 & 0 & 0 \\ 0 & 0 & 0 & 1 & 0 & 0 & 0 & 0 \\ 0 & 0 & 0 & 0 & 1 & 0 & 0 & 0 \\ 0 & 0 & 0 & 0 & 0 & 1 & 0 & 0 \end{bmatrix} \tag{10-18}$$

测量噪声 $\boldsymbol{e}_k$ 为

$$\boldsymbol{e}_k\left(d, \mathrm{vo}_{\mathrm{trust}}\right) = \begin{bmatrix} \boldsymbol{e}_{\mathrm{odom},k}\left(d\right) \\ \boldsymbol{e}_{\mathrm{gyro},k} \\ \boldsymbol{e}_{\mathrm{vo},k}\left(\mathrm{vo}_{\mathrm{trust}}\right) \end{bmatrix} \tag{10-19}$$

与此相应的协方差矩阵 $\boldsymbol{R}$ 为

$$\boldsymbol{R}\left(d, \mathrm{vo}_{\mathrm{trust}}\right) = \begin{bmatrix} \boldsymbol{R}_{\mathrm{odom}}\left(d\right) & \boldsymbol{0} & \boldsymbol{0} \\ \boldsymbol{0} & \boldsymbol{R}_{\mathrm{gyro}} & \boldsymbol{0} \\ \boldsymbol{0} & \boldsymbol{0} & \boldsymbol{R}_{\mathrm{vo}}\left(\mathrm{vo}_{\mathrm{trust}}\right) \end{bmatrix} \tag{10-20}$$

结果是由假设不同测量噪声之间彼此相互独立来确定的。

10.3.3 Kinect 摄像头的标定

大多数利用视觉特征进行三维建图的方法都存在计算时间长和特征点鲁棒性差的问题。本章将利用 Vicon 运动捕捉系统来获取摄像头的运动数据，并将运动数据和可视化数据融合，以用于室内三维建图。Vicon 运动捕捉系统由 12 个传感器组成，可以实时跟踪带有定位标记的对象[112]，如图 10-5 所示。对于那些基于视觉算法容易出现失败的场景，如深度信息缺失的场景或缺少有用特征的场景，可以通过增加额外的运动信息来提高场景的鲁棒性。由于运动数据在全局范围内具有鲁棒性，因此可以利用它来解决视觉定位失败或建图效果差等问题[113]。本章所提算法要实现的目标是提高利用 Kinect 摄像头进行室内三维建图方法的鲁棒性。

由于不能直接得到 Kinect 摄像头在绝对坐标系中的位姿，因此需要通过标定定位标记来推断其真实位姿。Kinect 摄像头由彩色传感器和深度传感器组成。深度传感器的校准已经由生产商完成了。对于深度传感器的内部参数，可以使用下列公式将深度图像中的像素

点 (x_d, y_d) 投射到三维度量空间 $P(x, y, z)$ 中。

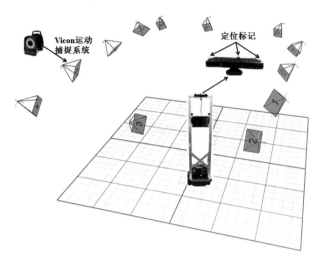

图 10-5 Vicon 运动捕捉系统及带有定位标记的对象

$$x = \frac{(x_d - c_{xd}) \times \text{depth}(x_d, y_d)}{f_{xd}} \tag{10-21}$$

$$y = \frac{(y_d - c_{yd}) \times \text{depth}(x_d, y_d)}{f_{yd}} \tag{10-22}$$

$$z = \text{depth}(x_d, y_d) \tag{10-23}$$

式中，(x_d, y_d) 为像素点的位置；$\text{depth}(x_d, y_d)$ 为像素点的深度；c_{xd} 和 c_{yd} 为主点坐标；f_{xd} 和 f_{yd} 为 Kinect 摄像头的焦距。

鉴于 Kinect 摄像头的视角有限（水平方向为±57°，垂直方向为±43°），为了得到整个室内环境的三维地图，不仅需要从不同视角获取环境的 RGB 图像和深度图像，还需要将不同视角的点云数据合并在一个共享帧中[114]。因此，解决上述问题的关键是将这些点云数据匹配在一起。解决这个问题的关键是对 Kinect 摄像头的位姿进行准确估计，估计值表示摄像头在真实绝对坐标系中的三维坐标位置。点云数据可以使用齐次变换矩阵 G 来合并，它是由旋转矩阵 R 和平移矩阵 T 组成的一个 4×4 矩阵，相关公式如下：

$$G = \begin{bmatrix} R_{(3\times3)} & T_{(3\times1)} \\ 0_{(1\times3)} & 1 \end{bmatrix} \tag{10-24}$$

由于合并所有点云数据是以 Kinect 摄像头位姿估计为基础的，因此可以通过人工操控安装有 Kinect 摄像头的机器人绕房间运动来获取整个室内环境的三维地图。

标定的目的是建立有效的成像模型，并确定摄像头的内外部参数，以便正确建立空间中物点与其在图像平面上像点之间的对应关系，也就是说标定可用来建立 Kinect 摄像头和绝对坐标系之间的关系。将三个定位标记放置在 Kinect 摄像头的顶部，它们代表一个可以旋转和平移的刚体[115]。在标定过程中涉及五个坐标系之间的关系。这五个坐标系分别是绝对坐标系 V、Kinect 坐标系 K、传感器坐标系 C、图像坐标系 I 和目标坐标系 O。三维建图中不同坐标系之间的关系示意图如图 10-6 所示。在获得刚体和 Kinect 摄像头之间的关系后，就能通过 Vicon 运动捕捉系统得到的刚体位置。Kinect 摄像头的位置乘以一个齐次矩阵表示它的位置偏移量和方向偏移量[116]。

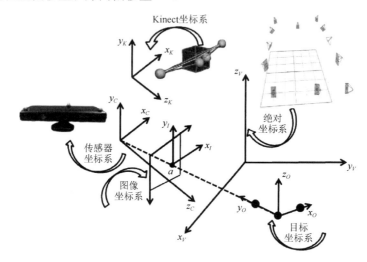

图 10-6　三维建图中不同坐标系之间的关系示意图

Kinect 摄像头的标定与普通摄像头的标定类似，使用的都是针孔模型[117]。而它与普通摄像头标定的主要区别在于 Kinect 摄像头更感兴趣的是外部参数，因此需要得到实际的 Kinect 摄像头位姿。需要经过如下步骤才能找到图像坐标系和绝对坐标系之间的关系：使用内部参数 K 将图像空间转换为一个正规的三维空间；使用旋转矩阵 R 和平移矩阵 T 将正规的三维空间转换到绝对坐标系中，相关公式如下：

$$z_C \begin{bmatrix} u \\ v \\ 1 \end{bmatrix} = K \begin{bmatrix} R & T \end{bmatrix} \begin{bmatrix} x_W \\ y_W \\ z_W \\ 1 \end{bmatrix} \tag{10-25}$$

$$K = \begin{bmatrix} m_x & & \\ & m_y & \\ & & 1 \end{bmatrix} \begin{bmatrix} f & s/m_x & c_x \\ & f & c_y \\ & & 1 \end{bmatrix} \tag{10-26}$$

式中，f 为焦距；m_x 和 m_y 为焦距的系数；s 为倾斜参数；c_x 和 c_y 为主点坐标。

传统的摄像头标定方法常用于获取彩色传感器的外部参数和内部参数，并且通常使用一种黑白相间的棋盘进行标定。本章将使用 MATLAB 摄像头 Camera Calibration Toolbox 标定包和张正友等人提出的摄像头标定算法[118]实现 Kinect 摄像头的标定。标定模板是一个黑白相间的棋盘（每个棋格大小为 30cm×30cm）。棋格的各个顶点是三维参考点。Kinect 摄像头的标定过程如图 10-7 所示。

（a）提取的三维参考点

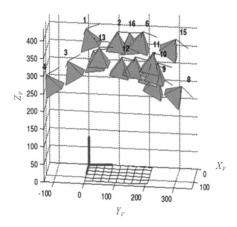
（b）外部参数（以绝对坐标系为中心）

图 10-7　Kinect 摄像头的标定过程

一个三维坐标可以用一个 4×4 的矩阵表示，该矩阵为齐次变换矩阵 $\boldsymbol{G}$ [见式（10-24）]，包含旋转矩阵 $\boldsymbol{R}$ 和平移矩阵 $\boldsymbol{T}$ 两部分。

两个不同坐标之间的关系可以用一般的刚性变换表示，即

$$^{B}\boldsymbol{P} = {}_{A}^{B}\boldsymbol{R}\,{}^{A}\boldsymbol{P} + {}_{A}^{B}\boldsymbol{T} \tag{10-27}$$

也可以使用齐次变换矩阵表示，即

$$\begin{bmatrix} ^{B}\boldsymbol{P} \\ 1 \end{bmatrix} = \begin{bmatrix} {}_{A}^{B}\boldsymbol{R} & {}_{A}^{B}\boldsymbol{T} \\ 0 & 1 \end{bmatrix} \begin{bmatrix} ^{A}\boldsymbol{P} \\ 1 \end{bmatrix} \tag{10-28}$$

齐次变换矩阵 $\boldsymbol{G}_{BA}$ 为

$$\boldsymbol{G}_{BA} = \begin{bmatrix} {}_{A}^{B}\boldsymbol{R} & {}_{A}^{B}\boldsymbol{T} \\ 0 & 1 \end{bmatrix} \tag{10-29}$$

不同坐标之间的关系为

$$\boldsymbol{G}_{CK} = \boldsymbol{G}_{CO}\boldsymbol{G}_{OV}\boldsymbol{G}_{VK} \tag{10-30}$$

$$\begin{cases} \boldsymbol{G}_{CO} = \begin{bmatrix} \boldsymbol{R}_{C} & \boldsymbol{T}_{C} \\ 0 & 1 \end{bmatrix} \\[2mm] \boldsymbol{G}_{OV} = \begin{bmatrix} \boldsymbol{R}_{V}^{O} & \boldsymbol{O}_{V} \\ 0 & 1 \end{bmatrix} \\[2mm] \boldsymbol{G}_{VK} = \begin{bmatrix} \boldsymbol{R}_{V} & \boldsymbol{T}_{V} \\ 0 & 1 \end{bmatrix} \end{cases} \tag{10-31}$$

式中，$\boldsymbol{R}_{C}$ 和 $\boldsymbol{T}_{C}$ 为外在相机标定的结果；$\boldsymbol{R}_{V}$ 和 $\boldsymbol{T}_{V}$ 为 Vicon 运动捕捉系统获得的数据；$\boldsymbol{O}_{V}$ 为从棋盘面表示的坐标系中获得的数据。因此，三个矩阵 $\boldsymbol{G}_{CO}$、$\boldsymbol{G}_{OV}$ 和 $\boldsymbol{G}_{VK}$ 的连乘可以表示偏移量 $\boldsymbol{G}_{CK}$。Kinect 摄像头的位姿可以通过将偏移量与三个定位标记的坐标系相乘得到。

10.4 基于图像数据与运动数据融合的三维建图

由于本节将通过两种途径来估计 Kinect 摄像头的相对位置，因此使用融合策略来提高建图效果是理想的选择。本节提出一种基于彩色信息、深度信息与运动数据融合的 VSLAM 算法，该算法的流程图如图 10-8 所示。每一帧图像中的点云数据都由 Kinect 摄像头的 RGB 图像和深度图像重新映射。位姿变换估计（包括 x 轴、y 轴、z 轴、滚动、俯仰、偏航）的数据来源有 Kinect 摄像头和 Vicon 运动捕捉系统。其中，视觉的变换估计值通过特征匹配获得。本节将选择三对特征点来确定变换矩阵的六个自由度，并使用 RANSAC 算法[119]来改善不同特征点的估计值。此外，本节将使用 Vicon 运动捕捉系统来获取标记的运动数据。标定用来估计 Kinect 摄像头和位于 Kinect 摄像头顶部的定位标记的位置和方向的偏差。在此基础上，两个连续帧画面间的相对运动可以由 Vicon 运动捕捉系统获取的数据进行估计。在获得变换矩阵以后，位姿变换估计的数据来源将进行融合，以获取 Kinect 摄像头的初步位姿估计值，并将初步估计到的位姿作为 MICP 算法的输入（迭代最近点）进行精确位姿确定。所有点云数据将基于估计到的 Kinect 摄像头的位姿进行变换来构建三维地图。

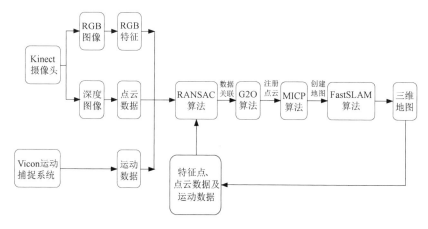

图 10-8　VSLAM 算法的流程图

如果特征点匹配良好，那么基于图像数据的估计量要优于基于运动数据的估计量。然而，Kinect 摄像头存在一定运动，因此没有足够多的良好匹配的特征点，容易导致错误匹配。基于运动数据的估计量可以随时提供没有任何限制的数据，但会有一定的测量噪声。因此，采用融合策略将这两种估计量结合在一起，可以提高建图效果。如果 Kinect 摄像头的运动幅度小并且有足够多的良好匹配的特征点，那么就使用基于图像数据的估计量进行三维建图；否则，就使用基于运动数据的估计量进行三维建图。

10.4.1 特征提取与特征匹配

为了从图像中估计 Kinect 摄像头位姿的空间关系，需要使用图像特征。而两两图像间的关系需要通过匹配图像特征对来实现。本节将使用 SURF 算法[120]进行特征提取与特征匹配。SURF 算法包括特征点检测和特征点描述符构建，其中特征点检测用来提取特征，特征点描述符构建用来找到两个特征点间的一致性。由于 SURF 算法具有尺度不变和速度快的特点，因此其能满足算法鲁棒性和实时处理要求。先从两个相关的帧中提取图像特征，在检测特征后，在特征的中间位置使用深度测量将特征位置从图像投射到三维环境中。特征的匹配对由特征点描述符和邻域搜索确定。两帧间的 Kinect 摄像头位姿变换可以由三个匹配的特征对计算出来。

将提取的特征投影到深度图像上。这一步会将一些不确定性引入操作环节。这不仅是因为深度图像和 RGB 图像间时间同步的不匹配，还因为特征之间的插值在深度上有较大不同。事实上，在目标边界上一个微小的错误特征投影就会引起较大的深度误差，这使得在目标边界上提取特征变得很困难。因此，在精确匹配时需要使用 RANSAC 算法来完善匹配的特征对[121]。根据一组包含异常数据的样本数据集可计算出数据的数学模型参数，并得到有效的样本数据。利用齐次坐标，两张图像之间的投影变换模型可以用矩阵的形式来描述：

$$\begin{bmatrix} x' \\ y' \\ 1 \end{bmatrix} = \begin{bmatrix} m_{11} & m_{12} & m_{13} \\ m_{21} & m_{22} & m_{23} \\ 0 & 0 & 1 \end{bmatrix} \rightleftharpoons \begin{bmatrix} x \\ y \\ 1 \end{bmatrix} \qquad (10\text{-}32)$$

式中，m_{11}、m_{12}、m_{21}、m_{22} 为尺度缩放和旋转；m_{13} 为水平方向的位移；m_{23} 为垂直方向的位移。

一般用 G2O 算法来进行数据关联。G2O 算法是一种全面且高效的图形优化器[122]。该算法实现了将最小化的非线性误差函数表示为一个图形。节点和边缘如图 10-9 所示。非线性误差函数 $F(x)$ 的计算公式为

$$F(x) = e_{12}^{\mathrm{T}} I_{12} e_{12} + e_{23}^{\mathrm{T}} I_{23} e_{23} + e_{24}^{\mathrm{T}} I_{24} e_{24} + e_{31}^{\mathrm{T}} I_{31} e_{31} \qquad (10\text{-}33)$$

式中，I_{ij} 为边缘 e_{ij} 的信息矩阵。

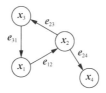

图 10-9　节点和边缘

节点表示向量参数，并且两个参数与这两个参数向量的相关性在很大程度上取决于两个参数向量与外部约束的匹配情况。将 G2O 算法应用在 VSLAM 系统的每个节点上，以代表机器人的每一个状态变量，并且每个边缘值表示连接边缘的节点间的一个两两观测值。两两观测值的意思是节点 B 观测其相对于节点 A 的位姿，反之亦然。由于该算法具有图形的稀疏连通性并使用稀疏线性系统的先进求解器，因此运算速度较快。

10.4.2　MICP 算法

传统的 ICP 算法的局限性是容易收敛在局部最小值，特别是当两组点非常接近时[123]。为了得到更好的对齐效果，本节基于广义 ICP 算法提出了 MICP 算法。该算法是一种平面到平面的匹配算法，通过为提取的特征设定概率特性的方式获得变换的最大似然估计。MICP 算法的步骤如下：在 MICP 算法的第一层，使用 ICP 算法将当前帧与前一帧对齐，如果估计误差足够小，那么更新旋转矩阵 $\boldsymbol{R}$ 和平移矩阵 $\boldsymbol{T}$；在 MICP 算法的第二层，如果由于某些原因，如摇晃、方向突然改变等，匹配失败，那么将再次启动 ICP 算法，它将选出在地图 $\boldsymbol{M}$ 中最接近的帧与当前帧进行匹配。如果这两个级别的匹配都失败了，那么当前帧被视为无效帧，并被丢弃。如果某一帧和地图 $\boldsymbol{M}$ 中的所有帧相距 d，那么它将作为更新帧被添加到地图 $\boldsymbol{M}$ 中。

概率模型假设已经测量过的点云 $\hat{\boldsymbol{D}}=\{\hat{\boldsymbol{a}}_i\}$ 和 $\hat{\boldsymbol{S}}=\{\hat{\boldsymbol{s}}_i\}$ 是独立的高斯分布，它们将产生概率性的点云 $\boldsymbol{D}$ 和 $\boldsymbol{S}$，分别用 $\boldsymbol{a}_i \sim N(\hat{\boldsymbol{a}}_i, \boldsymbol{C}_i^D)$ 和 $\boldsymbol{s}_i \sim N(\hat{\boldsymbol{s}}_i, \boldsymbol{C}_i^S)$ 表示。其中，$\boldsymbol{C}_i^D$ 和 $\boldsymbol{C}_i^S$ 为与测定点相关联的三维协方差。当点云数据之间匹配良好时，设定 $\boldsymbol{T}^*$ 为正确的变换：

$$\hat{\boldsymbol{s}}_i = \boldsymbol{T}^* \hat{\boldsymbol{d}}_i \tag{10-34}$$

定义函数：

$$e_i(\boldsymbol{T}) = \boldsymbol{s}_i - \boldsymbol{T}\boldsymbol{d}_i \tag{10-35}$$

考虑到式（10-35）可以用 $\boldsymbol{T}^*$ 来评价，因此给出的概率函数可用如下公式表示：

$$e_i(\boldsymbol{T}) \sim N\left(\hat{\boldsymbol{s}}_i - (\boldsymbol{T}^*)\hat{\boldsymbol{a}}_i, \boldsymbol{C}_i^S + (\boldsymbol{T}^*)\boldsymbol{C}_i^D(\boldsymbol{T}^*)^{\mathrm{T}}\right) \tag{10-36}$$

上式是一个用于优化的目标函数，利用它可以找到一个最大似然估计的解：

$$\boldsymbol{T}^* = \underset{\boldsymbol{T}}{\mathrm{argmax}}\left\{\prod_i p(e_i(\boldsymbol{T}))\right\}$$
$$= \underset{\boldsymbol{T}}{\mathrm{argmax}}\left\{\sum_i \log(p(e_i(\boldsymbol{T})))\right\} \tag{10-37}$$

由于 p 是一个带有独立成分的三维变量的高斯概率密度函数，因此式（10-37）可简化为

$$\boldsymbol{T}^* = \underset{\boldsymbol{T}}{\mathrm{argmax}}\left\{\sum_i e_i(\boldsymbol{T})^{\mathrm{T}}\left(\boldsymbol{C}_i^S + \boldsymbol{T}\boldsymbol{C}_i^D\boldsymbol{T}^{\mathrm{T}}\right)^{-1} e_i(\boldsymbol{T})\right\} \tag{10-38}$$

式（10-38）的解提供了一种以概率方式优化点云匹配的变换。通过设置 $\boldsymbol{C}_i^S = 1$，$\boldsymbol{C}_i^D = 0$，就获得了标准的点至点的 MICP 算法。在这种情况下，式（10-38）可表示为

$$\boldsymbol{T}^* = \underset{\boldsymbol{T}}{\mathrm{argmax}}\left\{\sum_i e_i(\boldsymbol{T})^{\mathrm{T}} e_i(\boldsymbol{T})\right\}$$
$$= \underset{\boldsymbol{T}}{\mathrm{argmax}}\left\{\sum_i e_i(\boldsymbol{T})^{\mathrm{T}2}\right\} \tag{10-39}$$

MICP 算法是用来匹配两组三维数据点的算法。其中一组三维数据点作为参考点，另一组三维数据点用来对齐。匹配两组三维数据点的主要算法是通过最小化变换后的数据点和模型的最近点之间的误差来对准两组三维数据点重叠的点云。MICP 算法的输出是转换参数，用于描述两组三维数据点之间的关系，可以通过旋转矩阵 $\boldsymbol{R}$ 和平移向量 $\boldsymbol{T}$ 表示两组三维数据点之间的关系。然而，该算法仍然存在只能收敛到一个局部最小值的局限性，这将导致错误匹配。因此，本章使用 Vicon 运动捕捉系统来提供良好的初始转换，以便减少错误匹配。

10.4.3 FastSLAM 算法

FastSLAM 算法基于车轮的里程计信息和匹配的观测值来估计机器人的最新位姿，并从不能匹配的观测值中产生地标。该算法在 VSLAM 中的任务是将新的观测值合并到一张地图中，也就是对环境的表示，使用匹配的观测值更新地图并追踪地图中机器人的位姿。FastSLAM 算法可将 SLAM 后验分布因式分解成分离的路径分布和地标分布，相应公式为

$$p\left(s^{t},\boldsymbol{\Theta}\,|\,z^{t},u^{t}\right) \tag{10-40}$$

式中，s^t 为 t 时刻的路径；$\boldsymbol{\Theta}$ 为地图；z^t 和 u^t 分别为从 1 时刻到 t 时刻的测量数据和控制序列，分别包含环境信息和状态改变信息。

$$\underbrace{p\left(s^{t}\,|\,z^{t},u^{t}\right)}_{\text{路径分布}}\prod_{i=1}^{N}\underbrace{p\left(\boldsymbol{\theta}_{i}\,|\,s^{t},z^{t},u^{t}\right)}_{\text{地标分布}} \tag{10-41}$$

地图与运动模型和度量模型一样，必须针对 VSLAM 的特定特征加以调整。状态模型可根据机器人位姿表示为一个三维向量，即

$$s=\left(x,y,\varphi\right)^{\mathrm{T}} \tag{10-42}$$

式中，x 和 y 为机器人的二维位置；φ 为机器人相对于地图的朝向。

在 FastSLAM 算法中，地图可表示为一组地标，即

$$\boldsymbol{\Theta}=\left\{\boldsymbol{\theta}_{1},\boldsymbol{\theta}_{2},\cdots,\boldsymbol{\theta}_{N}\right\} \tag{10-43}$$

每个地标表示环境中的一个三维点。地标由一个三维公式表示，即

$$\boldsymbol{\theta}=\left(\boldsymbol{\mu},\boldsymbol{\Sigma},\boldsymbol{d}\right) \tag{10-44}$$

式中，$\boldsymbol{\mu}$ 为地标的三维位置；$\boldsymbol{\Sigma}$ 为地标的误差协方差；$\boldsymbol{d}$ 为地标的描述符。这里将地标表示为三维点是为了将机器人的移动假设为三自由度，以便提高数据关联性能。

观测值 z 为从 Kinect 摄像头位置看到的地标，由该地标的三维位置 $\boldsymbol{p}$、该地标的误差协方差 $\boldsymbol{R}$ 和地标的描述符 $\boldsymbol{d}$ 组成，即

$$z=\left(\boldsymbol{p},\boldsymbol{R},\boldsymbol{d}\right) \tag{10-45}$$

式中，$\boldsymbol{p}$ 由 Kinect 摄像头获得的深度图像来定义；$\boldsymbol{R}$ 取决于 Kinect 摄像头的精度及目标到

其观测距离。根据实验中得到的 Kinect 摄像头准确度，这里估算地标的误差协方差矩阵为

$$\boldsymbol{R} = \begin{bmatrix} \|\boldsymbol{p}\|\sigma^2 & 0 & 0 \\ 0 & \|\boldsymbol{p}\|\sigma^2 & 0 \\ 0 & 0 & \|\boldsymbol{p}\|\sigma^2 \end{bmatrix} \qquad (10\text{-}46)$$

式中，$\sigma^2 = 0.0065$。

运动公式和度量公式及它们的雅可比矩阵主要定义粒子滤波器和 FastSLAM 算法的 EKF 更新公式。当使用标准的运动公式时，度量模型将根据观测值和地标的三维特性进行调整。

度量模型定义了给定模型当前状态的预期观测值，即

$$\boldsymbol{z}_t = g(\boldsymbol{x}_t) + \boldsymbol{v}_t \qquad (10\text{-}47)$$

式中，$\boldsymbol{v}_t$ 为协方差为 $\boldsymbol{R}_t$ 的零均值高斯噪声。在 VSLAM 中，给定机器人当前的位姿，可以观测到相对于机器人地标 $\boldsymbol{\theta}$ 的位置，即

$$g(\boldsymbol{s}, \boldsymbol{\theta}) = \begin{bmatrix} \cos\varphi & 0 & -\sin\varphi \\ 0 & 1 & 0 \\ \sin\varphi & 0 & \cos\varphi \end{bmatrix} \begin{bmatrix} \boldsymbol{\mu} - \begin{bmatrix} x \\ 0 \\ y \end{bmatrix} \end{bmatrix} \qquad (10\text{-}48)$$

式中，$\boldsymbol{\mu}$ 为 $\boldsymbol{\theta}$ 在地图中的全局位置。

10.5 实验与分析

10.5.1 机器人软硬件配置及实验环境

本节将一间安装有 Vicon 运动捕捉系统的实验室作为实验环境。Vicon 运动捕捉系统的 12 个传感器覆盖了整个实验环境。此外，将 Kinect 摄像头固定在专门为 Pioneer 机器人定制的铝合金支架上，将 3 个定位标记放置在 Kinect 摄像头的顶部作为一个刚体。实验环境及机器人平台如图 10-10 所示。将 ROS 作为软件平台来实现 VSLAM 算法。所有进程（节点）都是按照 ROS 的框架编写的，包括 Kinect 摄像头的驱动程序、图像压缩和处理程序、运动数据接收器程序、点云数据处理和显示程序[124]。本章使用的 ROS 完全支持 Kinect 摄像头。ROS 程序包 openni_kinect 将为 Kinect 摄像头提供驱动程序并用于在 ROS 中发布数据[71]。这些数据包括 Kinect 摄像头参数、深度图像、彩色/黑白图像和点云数据。MATLAB 相机标定工具箱用于对 Kinect 摄像头进行校准。根据式（10-30）计算出来的平移矩阵 $\boldsymbol{G}_{CK}$（单位为 m）如下：

$$\boldsymbol{G}_{CK} = \begin{bmatrix} 0.0939 & 0.9840 & -0.1512 & -3.9168 \\ 0.1798 & -0.1685 & -0.9692 & -23.2050 \\ -0.9791 & 0.0637 & -0.1931 & -7.8081 \\ 0 & 0 & 0 & 1 \end{bmatrix} \qquad (10\text{-}49)$$

上式表明由 3 个定位标记表示的刚体与 Kinect 摄像头的旋转位姿和平移位姿几乎相同。

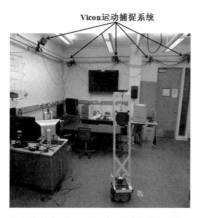

（a）安装有 Vicon 运动捕捉系统的实验环境　　　　（b）安装有 Kinect 摄像头的 Pioneer 机器人平台

图 10-10　实验环境及机器人平台

10.5.2　VSLAM 算法的性能评估

本节先给出使用 VSLAM 算法进行实验的结果；然后评估该算法的准确性、可靠性和实时性；最后探究对本章所提算法运行时间有影响的参数。此外，将使用均方根误差（Root Mean Square Error，RMSE）评估该算法的性能。为了有效且准确地评估本章所提算法的性能，本节将分别对室内环境中的人造环境和真实办公室环境进行 VSLAM。手柄用来控制安装有 Kinect 摄像头的机器人绕整个实验环境匀速移动。在获取 20 帧图像后，就可以快速建成一张三维地图。对室内环境中的电脑桌创建的三维模型如图 10-11 所示。对人造环境进行 VSLAM 如图 10-12 所示。

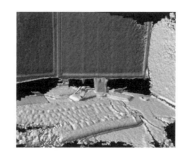

（a）室内环境中的电脑桌　　　　　　　　（b）电脑桌的三维模型

图 10-11　对室内环境中的电脑桌创建的三维模型

为了对本章所提算法的性能进行评估，将在真实的办公室环境中进行两组三维 VSLAM 实验。微型计算机 FitPC3 内存有限，设置图像的帧数为 20。针对传感器运动幅度太大和缺少环境特征导致的 VSLAM 经常失败的情况，在第一组三维 VSLAM 实验中，传感器以较快速度运动，建图结果如图 10-13（a）所示，实验数据如表 10-1 所示；在第二组三维 VSLAM 实验中，利用 Kinect 摄像头检测环境特征较少的区域，建图结果如图 10-13（b）所示，实验数据如表 10-2 所示。

（a）人造实验环境　　　　　　（b）三维主视图　　　　　　（c）三维俯视图

图 10-12　对人造环境进行 VSLAM

（a）传感器以较快速度运动的建图结果　　　（b）对环境特征较少的区域的建图结果

图 10-13　两组实验建立的局部三维地图

在表 10-1 和表 10-2 中，如果匹配特征点数在决策线以上，那么决策是 0，这就意味着将采用基于图像数据的估计量确定初步位姿；如果匹配特征点数在决策线以下，那么决策是 1，这就意味着将采用基于运动数据的估计量确定初步位姿。两组实验的特征点数曲线、匹配特征点数曲线及决策曲线如图 10-14 所示。由表 10-2 中的统计数据可计算出平均特征点匹配率只有 31.9%，这是 Kinect 摄像头运动太快导致的。当匹配特征点数大于 200 时，图像数据将用于提供位置估计量。由表 10-1 和表 10-2 可发现，第二组三维 VSLAM 实验与第一组三维 VSLAM 实验相比，每一帧的特征点数要少很多，并且匹配对的数量也更少。在这种情况下，当匹配特征点数小于 200 时，将使用基于运动数据的估计量确定初步位姿。

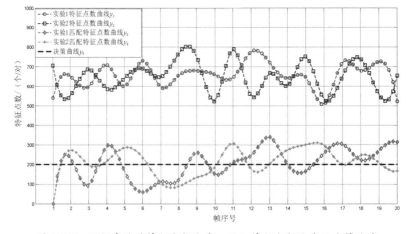

图 10-14 彩图

图 10-14　两组实验的特征点数曲线、匹配特征点数曲线及决策曲线

表 10-1　第一组三维 VSLAM 实验数据

帧数	特征点数	匹配对	决策
1	522	—	0
2	710	150	1
3	697	302	1
4	762	156	1
5	698	299	1
6	732	315	1
7	695	188	1
8	756	254	1
9	776	316	1
10	658	89	0
11	645	112	0
12	918	186	0
13	925	321	1
14	742	175	1
15	746	406	1
16	708	475	1
17	822	401	1
18	882	458	1
19	828	376	1
20	725	348	1

表 10-2　第二组三维 VSLAM 实验数据

帧数	特征点数	匹配对	决策
1	506	—	0
2	653	532	1
3	686	530	1
4	487	93	0
5	400	295	1
6	460	366	1
7	347	58	0
8	394	112	0
9	355	119	0
10	325	61	0
11	316	52	0
12	249	18	0
13	367	145	0
14	403	143	1
15	442	196	0

帧数	特征点数	匹配对	决策
16	401	163	1
17	521	372	1
18	670	528	1
19	759	270	1
20	754	317	1

在微型计算机 FitPC3 上利用 ROS 运行本章所提算法，并用手柄控制安装有 Kinect 摄像头的机器人环绕办公室环境匀速运动来实时构建整个办公室环境的三维地图。在 Kinect 摄像头获得 20 帧图像后，就可以快速生成三维室内地图。办公室的三维地图构建如图 10-15 所示。图 10-15（a）所示为办公室环境，图 10-15（b）所示为三维实验环境的主视图，图 10-15（c）所示为三维实验环境的俯视图。

（a）办公室环境

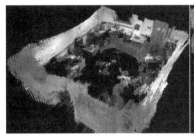

（b）三维实验环境的主视图

（c）三维实验环境的俯视图

图 10-15　办公室的三维地图构建

为了评估本章所提的基于视觉与定位系统融合的地图构建算法对于办公室环境中目标的定位精度，在 VSLAM 算法的运行过程中分别对办公室环境中的门、电视、床、桌子、窗户、椅子、书架、地板和墙的各项数据进行了记录，如表 10-3 所示。地板和桌子获得了较小的 RMSE（0.019m 和 0.034m）；书架获得了最大的 RMSE（0.218m）。从表 10-3 中可知，Kinect 摄像头的平均角速度最小为 15.48deg/s，最大为 66.23deg/s；平均平移速度最小为 0.09m/s，最大为 0.47m/s。本章所提的基于视觉与定位系统融合的地图构建算法在进行 VSLAM 三维建图时得到了 0.119m 和 4.16°的平均精度。此外，较大的角度变化和较快的平移速度对于三维建图没有明显影响，即使一些帧存在部分重叠。总之，评估结果验证了本章所提基于视觉与定位系统融合的地图构建算法在三维建图时对环境中的大部分目标有较高的准确度，并且每帧平均 0.618s 的处理时间适用于实时的三维室内建图。

表 10-3　对办公室环境进行三维建图时的数据

目标	长度/m	时间/s	平均角速度/（deg/s）	平均平移速度/（m/s）	帧数	平均 RMSE/m	旋转 RMSE/°
门	1.25	23.68	60.89	0.22	98	0.137	4.62
电视	1.32	26.13	63.76	0.13	103	0.092	3.86
床	2.41	31.29	57.23	0.18	142	0.104	4.03
桌子	3.46	35.62	40.85	0.31	156	0.034	0.86
窗户	2.24	37.38	52.74	0.27	134	0.149	4.86
椅子	0.53	15.49	66.23	0.09	75	0.087	3.51
书架	1.78	29.17	59.61	0.15	169	0.218	8.34
地板	18.27	64.89	18.94	0.39	832	0.019	0.43
墙	22.16	77.54	15.48	0.47	1021	0.087	5.35

　　此外，将本章所提出的基于视觉与定位系统融合的地图构建算法与其他三种 VSLAM 算法在处理速率、计算机内存开支、准确性、可靠性和每帧的平均处理时间方面进行比较，比较结果如表 10-4 所示。RGB-SLAM 算法使用 SURF 算法从两个关联帧中提取视觉特征，并使用深度测量在三维空间中进行特征匹配[59]。基于 GPU 融合的 VSLAM 算法实现了基于 GPU 的三维建图，所有操作都由 GPU 计算，包括分割和重建[61]。基于 ICP 的 VSLAM 算法通过追踪与现场的深度结构相关的全局模型并利用距离函数来构建不断生长的环境模型[72]。从表 10-4 中可以看出，基于 GPU 融合的 VSLAM 算法的处理速率是非常快的，每帧的平均处理时间为 0.261s。这是因为该算法的所有计算都是基于硬件的，但该算法的局限性是需要有巨大的内存空间来存储数据，因此只能用于构建范围有限的地图。而基于 ICP 的 VSLAM 算法的处理速率最慢，仅为 0.6fps。而当本章所提的基于视觉与定位系统融合的地图构建算法使用 MICP 算法进行建图时，算法处理速率达到了 6fps，比基于 ICP 的 VSLAM 算法提高了 10 倍。此外，本章所提的基于视觉与定位系统融合的地图构建算法的准确性与可靠性也较高。综上所述，本章所提的基于视觉与定位系统融合的地图构建算法性能优于其他三种算法。

表 10-4　不同算法间的比较结果

算法	处理速率/fps	计算机内存开销	准确性	可靠性	每帧的平均处理时间/s
RGB-SLAM 算法[125]	3	中	中	中	0.873
基于 GPU 融合的 VSLAM 算法[126]	10	高	高	低	0.261
基于 ICP 的 VSLAM 算法[127]	0.6	低	低	高	1.205
本章所提的基于视觉与定位系统融合的地图构建算法	6	低	中	高	0.618

10.6　本章小结

　　本章提出了一种将融合的 Kinect 摄像头数据和 Vicon 运动捕捉系统获取的 Kinect 摄像头运动数据作为 MICP 算法输入进行三维地图构建的 VSLAM 算法。其具体思想是采用一种融合策略将基于图像数据的估计量和基于运动数据的估计量结合起来，并有效地用于 VSLAM 中的三维建图。实验结果表明，本章所提算法不但解决了不同视角的点云数据在同一个共享帧中的匹配问题，改善了室内三维建图的效果，而且使图像的处理速率满足了实时建图的需要。然而，由于存在测量噪声，仍然会有部分点云数据没有完全匹配。此外，实验表明窗户的玻璃对红外线的反射作用会导致 Kinect 摄像头无法正常工作，因此本章所提算法有待改进。

第 11 章

基于 VSLAM 的环境语义地图构建方法

11.1 引言

如何获得环境中的语义信息是当今 SLAM 的研究热点，传统方法主要是利用支持向量机、条件随机场等对实例进行识别、处理，以获得环境中的语义信息[128]。不过这些传统方法的正确率往往较低，深度学习的出现使这个问题有了很好的解决方案。研究人员使用卷积神经网络提取图像特征，并对图像进行目标识别与实例分割，可以更有效、精准地获取环境中的语义信息。因此，SLAM 的一个重要方向就是与深度学习相结合[129]。

本章结构安排如下：11.2 节为 Mask RCNN 算法；11.3 节为 Mask RCNN 算法测试；11.4 节为语义 SLAM 算法；11.5 节为 DynaSLAM 算法；11.6 节为 MaskFusion 算法；11.7 节为 OMASK-SLAM 算法；11.8 节为实验与分析，介绍算法的实际实验过程并对实验结果进行了分析；11.9 节为本章小结。

11.2 Mask RCNN 算法

目标检测要求找出图像中被识别训练过的物体，并且需要标记出该物体的位置。实例分割要求标出每个像素的类别，通过获取目标物体的语义标签，得到其语义信息。

Mask RCNN 算法是一种基于卷积神经网络的特征提取算法[130]，其网络架构如图 11-1 所示。该算法集成了目标检测和实例分割两大功能，并且在性能上超过了 Faster RCNN[131] 算法。Mask RCNN 算法的运算过程可以分成两个阶段，第一阶段为基于输入图像生成关于可能存在物体的区域提议；第二阶段为预测物体的类，细化边界框，并根据第一阶段的提议在物体的像素级别上生成掩模。Mask RCNN 的主干网络是一个标准的卷积神经网络，采用 ResNet-FPN（Feature Pyramid Network，特征金字塔网络）架构。在主干网络的作用下，图像从 1024dpi×1024dpi×3dpi（RGB）的张量被转换成 32dpi×32dpi×2048dpi 的特征图。该特征图将作为下一个阶段的输入。

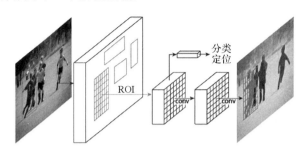

图 11-1　Mask RCNN 算法的网络架构

FPN 的示意图如图 11-2 所示。FPN 是一种可结合 VGG 等骨架网络使用的通用结构。在使用该结构时应先对图像进行特征提取；然后通过最近邻上采样方法对图像进行放大，获得更高分辨率的图谱，降低系统复杂度，减少训练参数[132]；最后对生成的特征图进行融合处理。

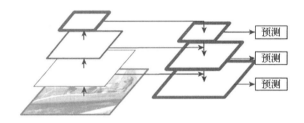

图 11-2　FPN 的示意图

在 Mask RCNN 算法运算过程的第一阶段，使用区域候选网络提取感兴趣区域（Region Of Interest，ROI）；在 Mask RCNN 算法运算过程的第二阶段，用 ROI 代替 ROI 池化定位相关区域，并在特征图的不同点进行采样，应用双线性插值，提高检测模型的准确性，完成像素级的对齐，生成对象类、边界框和掩模。

Mask RCNN 算法的损失函数由分类误差、检测误差和掩模误差构成[133]，其公式如下：

$$L = L_{cls} + L_{box} + L_{mask} \tag{11-1}$$

式中，L_{cls} 和 L_{box} 与 Faster RCNN 算法中相同，掩模分支对每一个 ROI 有 Km^2 维输出，表示分辨率为 $m \times m$ 的 K 个二值掩模。掩模误差可以表示为

$$L_{mask} = -\frac{1}{m^2} \sum_{1 \leq i, j \leq m} \left[y_{ij} \widehat{\log y}_{ij}^k + \left(1 - y_{ij}\right) \log\left(1 - \hat{y}_{ij}^k\right) \right] \tag{11-2}$$

式中，y_{ij} 为大小为 $m \times m$ 的区域的真实掩模中的单元格 (i, j) 的标签；$\hat{y}_{ij}^k$ 为地面真值类 k 学习掩模中相同单元的预测值[134]。表 11-1 所示为 Mask RCNN 算法和其他实例分割算法的对比结果。由表 11-1 可以看出，相较其他算法而言，使用 Resnet-FPN 架构的 Mask RCNN 算法有十分明显的优势。

表 11-1　Mask RCNN 算法和其他实例分割算法的对比结果

算法名称	算法框架	AP	AP50	AP75	APS	APM	APL
MNC[21]算法	ResNet-101-C4	24.6	44.3	24.8	4.7	25.9	43.6
FCIS[22]+OHEM 算法	ResNet-101-C5-dilated	29.2	49.5	—	7.1	31.3	50.0
FCIS+++[22]+OHEM 算法	ResNet-101-C5-dilated	33.6	54.5	—	—	—	—
Mask RCNN 算法	ResNet-101-C4	33.1	54.9	34.8	12.1	35.6	51.1
Mask RCNN 算法	ResNet-101-FPN	35.7	58.0	37.8	15.5	38.1	52.4
Mask RCNN 算法	ResNet-101-FPN	37.1	60.0	39.4	16.9	39.9	53.5

11.3　Mask RCNN 算法测试

11.3.1　自建数据集实验

为了获取设计所需的更为广泛的语义信息，本节实验使用 Mask RCNN 算法训练自建数据集。本节实验筛选机器人实验室常见的 14 类物体，并对图像进行数据增广处理，共整理了 2000 张图像（90%作为训练集，10%作为验证集），对 Mask RCNN 算法进行训练。物体种类如表 11-2 所示。

表 11-2　物体种类

序号	1	2	3	4	5	6	7
种类	chair	air-conditioner	screen	desk	person	trophy	bookcase
序号	8	9	10	11	12	13	14
种类	drone	switch-box	robot	mouse	keyboard	door	bottle

对采集的实验室内物体的图像样本进行标注处理，使用脚本文件对图像数据进行统一处理，将图像分辨率设置为 512dpi×512dpi，并为图像样本命名（注意文件名应一致）。部分训练集样本如图 11-3 所示。

图 11-3　部分训练集样本

本节实验使用的标记工具为 Labelme，完成标记并转化得到的 JSON 文件后，生成的可视化标签如图 11-4 所示。本节实验将使用 info.yaml 及 label.png 文件对网络模型进行训练。

本节实验使用主流的 TensorFlow 作为框架，并搭载 GTXl060 显卡加速运算。对训练好的网络模型的效果进行测试，并对场景进行检测。自建数据集测试结果如图 11-5 所示。

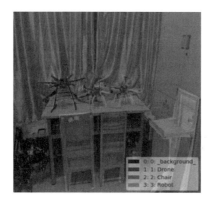

图 11-4　可视化标签　　　　　图 11-5　自建数据集测试结果

实验结果显示，场景中检测到显示器 1 的概率为 0.982，检测到显示器 2 的概率为 0.995，检测到显示器 3 的概率为 0.989，检测到键盘 1 的概率为 0.992，检测到键盘 2 的概率为 0.888，检测到鼠标的概率为 0.986，检测到易拉罐的概率为 0.842。

11.3.2　连续场景实验

为了验证 Mask RCNN 算法在连续场景中能否对连续帧进行目标检测与实例分割，本节实验基于 ROS，使用 Computer Vision Group 提供的 TUM 数据集 freiburg1_xyz 进行测试，该数据集提供 30Hz 帧率采集的 RGB 图像和深度图像，图像分辨率为 640dpi×480dpi，权重模型采用 11.3.1 节预训练好的 Mask_rcnn_coco.h5。数据集运行效果图如图 11-6 所示，由图 11-6 可以看出该模型可以稳定、流畅地对连续帧进行目标检测与实例分割，且识别效率很高。

图 11-6　数据集运行效果图

11.3.3　分析与评估

图 11-7 所示为不同迭代次数下的 Loss 曲线。图 11-7 中纵坐标为 Loss，横坐标为相对训练时间，透明线为对应的平滑度设置为 0 的 Loss 曲线。通过对比不同迭代次数下的实验数据，可以看出训练过程总体稳定速度较快，迭代次数越多，训练时间越长，Loss 越小，且逐渐稳定。

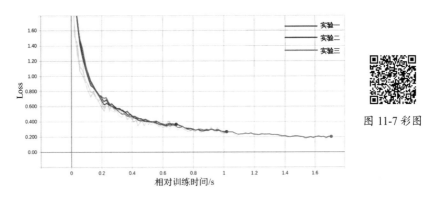

图 11-7　不同迭代次数下的 Loss 曲线

图 11-8 所示为相同迭代次数下不同 Steps_per_epochs 的 Loss 曲线。透明线为平滑度设置为 0 的 Loss 曲线。对比相同迭代次数下不同 Steps_per_epochs 的 Loss 曲线可得，Steps_per_epochs 越大，Loss 越小。

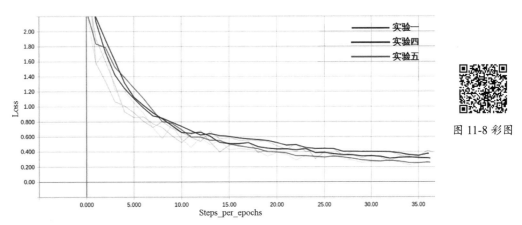

图 11-8　相同迭代次数下不同 Steps_per_epochs 的 Loss 曲线

11.4　语义 SLAM 算法

在 SLAM 算法的基础上，引入语义信息，使机器人在知道周围环境几何信息的同时理解环境中物体的语义标签，以执行更多智能化任务，这种算法称为语义 SLAM 算法[135]。语义 SLAM 算法通常是基于视觉的，其利用相机来获取图像，以进行图像识别，获取语义信息，构建语义知识库；通过维护知识库，来增强 SLAM 系统的可拓展性。

深度学习的发展让构建准确的语义地图成为可能，研究人员逐渐将构建语义地图过程中语义信息的获取方案向深度学习靠拢。利用 11.3 节介绍的 Mask RCNN 算法可有效构建语义地图。DynaSLAM 算法和 MaskFusion 算法是有效构建语义地图的典型代表，OMASK-SLAM 算法是基于 VSLAM 算法和 Mask RCNN 算法提出的一种室内语义地图构建算法。

11.5　DynaSLAM 算法

DynaSLAM 算法基于 ORB-SLAM2 算法，在原有系统的基础上增加了动态障碍物检测和背景修复功能，在动态场景中具有非常强大的功能[136]。该算法使用多视图几何技术和深度学习技术检测运动物体，可以绘制被运动物体遮挡的框架背景。

11.5.1　系统综述

系统对不同的传感器的输入有不同的数据处理办法，如果使用的传感器为单目/双目相机，就先将其采集到的图像直接输入卷积神经网络进行分割处理，然后剔除具有先验动态信息的物体，最后执行跟踪和建图，得到稀疏的、剔除动态障碍物后的语义地图。如果使用的传感器为深度相机，就将其采集到的图像和深度信息输入卷积神经网络，并对行人和车辆等动态障碍物进行实例分割，修复背景。与单目/双目相机系统相比，深度相机系统多了修复背景流程。DynaSLAM 算法的流程图如图 11-9 所示。

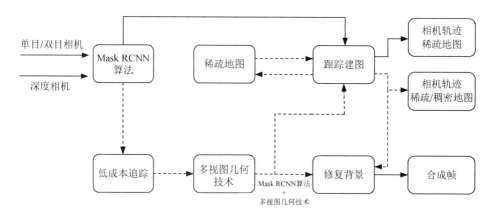

图 11-9　DynaSLAM 算法的流程图

DynaSLAM 系统使用基于 COCO 数据集的 Mask RCNN 算法训练权重文件，该系统设定的动态障碍物有人、自行车、汽车、猫、摩托车、飞机等。在实例分割部分，输入大小为 $m \times n \times 3$ 的 RGB 图像，输出大小为 $m \times n \times L$ 的矩阵，L 为图像中的对象类别数。L 层分类图像将在合并成一张图像后输出。

在图像中的动态障碍物被剔除后，仅使用图像剩下的部分进行位姿估计，执行跟踪。

在执行跟踪过程中，线段等高线往往会成为高梯度区域，容易出现突出的特征，不考虑这些高梯度区域的特征。由于减少了动态障碍物相关内容，DynaSLAM 算法的跟踪过程比仅进行几何建图的 ORB-SLAM2 算法的计算量更小，更容易进行跟踪。

11.5.2 动态障碍物分割

动态障碍物分割是指对除 Mask RCNN 算法标记的动态障碍物以外的可能具有移动性的对象进行特定处理。例如，香蕉是静态物体，但是人手中的香蕉却具有移动性，这时就要对其进行特定处理。先依据每一个新输入的图像帧，找到之前存在的与它重叠度最大的旧帧[137]。然后计算每个关键点 x 从先前关键帧到当前帧的投影，获得关键点 x' 及其投影深度 z_{proj}，同时生成对应的三维点 X。计算关键点 x 和 x' 与三维点 X 形成的夹角 xXx'，记为 α。如果 α 比 $30°$ 大，就判定为目标被遮挡，不对该对象进行操作。

x' 对应的深度值为 z'，在误差允许范围内，将其与 z_{proj} 进行比较，若超过一定阈值，则认为 x' 对应一个动态物体。状态判断示意图如图 11-10 所示。KF（卡尔曼滤波器）的关键点 x 被投射到 CF（关键帧），使用其深度和相机位姿，产生点 x'，其深度值为 z'。计算投影深度 z_{proj}，如果 $\Delta z = z_{proj} - z'$ 大于阈值 τ_z，就将像素标记为动态。

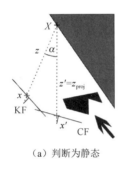 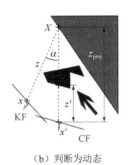

（a）判断为静态　　　　　　　　　（b）判断为动态

图 11-10　状态判断示意图

对于一些难以处理的动态障碍物边界上的动态点，使用深度图像提供的信息进行判断处理，如果深度图像中物体旁边的像素值相差很大，就将原本标记为动态的标签改为静态。该系统使用区域生长算法计算图像中动态障碍物的掩模，具有深度学习技术和多视图几何技术互补的优势。

11.6　MaskFusion 算法

MaskFusion 算法是一个可以读取语义的 RGB-D SLAM 算法，能够对物体进行实时感知[138]。该算法使用 Mask RCNN 算法进行目标检测与实例分割，可识别处理多个独立的运动，它在获取图像的语义信息后将信息融合到感知地图中，最终构建出精准一致的环境语义地图。

11.6.1 MaskFusion 系统综述

MaskFusion 系统本质上是一个多模型的 SLAM 系统，它用一个三维坐标表示环境中的识别对象，并对每一个模型进行独立跟踪和融合。MaskFusion 系统的关键流程如图 11-11 所示。该系统分为 SLAM 线程和网络线程，SLAM 系统在头部运行，语义掩模网络从尾部提取输入帧，图像帧被添加到一个固定长度的队列 Q_f 中。在一个新的关键帧被输入 MaskFusion 系统后，SLAM 线程依次对其进行跟踪、分割和融合操作，同时选取帧在网络线程进行语义信息和掩模的获取等操作，并在更新后被送回 SLAM 线程进行环境语义建图。

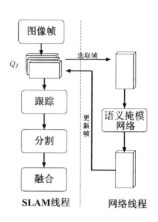

图 11-11　MaskFusion 系统的关键流程

11.6.2 帧间追踪

场景中物体的三维几何关系用表面元素来表示，每个模型的六自由度位姿都以最小化能量的方式进行跟踪，只单独跟踪动态障碍物，以提高鲁棒性、减小计算量。MaskFusion 系统通过判断物体的运动不一致性和是否被移动来判断该物体的状态。帧间跟踪通过最小化联合几何和光度误差函数来实现，公式如下：

$$E_{\mathrm{m}} = \min_{\xi_{\mathrm{m}}} \left(E_{\mathrm{m}}^{\mathrm{icp}} + \lambda E_{\mathrm{m}}^{\mathrm{rgb}} \right) \tag{11-3}$$

式中，$E_{\mathrm{m}}^{\mathrm{icp}}$ 和 $E_{\mathrm{m}}^{\mathrm{rgb}}$ 分别为几何误差项和光度误差项；ξ_{m} 为未知的刚性变换。$E_{\mathrm{m}}^{\mathrm{icp}}$ 和 $E_{\mathrm{m}}^{\mathrm{rgb}}$ 可分别表示为

$$E_{\mathrm{m}}^{\mathrm{icp}} = \sum_i \left(\left(\boldsymbol{v}^i - \exp(\xi_{\mathrm{m}}) \boldsymbol{v}_t^i \right) \boldsymbol{n}^i \right)^2 \tag{11-4}$$

$$E_{\mathrm{m}}^{\mathrm{rgb}} = \sum_{\boldsymbol{u} \in \Omega} \left(\mathcal{I}_t(\boldsymbol{u}) - \mathcal{I}_{t-1}^a \left(\pi \left(\exp(\xi_{\mathrm{m}}) \pi^{-1} (\boldsymbol{u}, \mathcal{D}_t) \right) \right) \right)^2 \tag{11-5}$$

11.6.3 语义与几何分割

与 DynaSLAM 算法类似，MaskFusion 算法也使用语义和几何线索进行分割，在分析深度不连续性和曲面法线的基础上使用几何分割算法。使用几何分割算法的优点是实时性好，能产生精准的实例对象边界。在语义分割算法和几何分割算法的结合下，MaskFusion 系统可以实时运行，并且可以通过几何分割算法得到具有改进对象边界的语义对象掩模。通过使用对象标签将曲面与正确的模型关联，并将当前帧的信息融合到之前建好的地图中。

MaskFusion 系统使用 Mask RCNN 算法提取语义信息，使用 ResNet-FPN 架构提取图像的特征，其中的掩模预测分支用于实现对对象个体的分割，但是 Mask RCNN 算法运行速度较慢，难以实时运行，而且分割出的目标边界不够清晰，所以 MaskFusion 系统还综

合了几何信息来进行分割。

假设物体在很大程度上是凸的，且边界在凸区和深度不连续处可建立快速分割算法，利用该算法对 RGB-D 图像帧中的对象进行分割。基于深度不连续项生成边缘映射 ϕ_d 和凹面项 ϕ_c，其公式为

$$\phi_d = \max_{i \in N} \left| (\boldsymbol{v}_i - \boldsymbol{v}) \boldsymbol{n} \right| \tag{11-6}$$

$$\phi_c = \max_{i \in N} \begin{cases} 0, & (\boldsymbol{v}_i - \boldsymbol{v}) \boldsymbol{n} < 0 \\ 1 - (\boldsymbol{n}_i \cdot \boldsymbol{n}), & \text{其他} \end{cases} \tag{11-7}$$

对 SLAM 系统处理的每帧执行几何分割。当语义掩模可用时，将几何标签映射到语义掩模。在没有语义掩模的情况下，几何标签直接与现有模型关联。

11.7 OMASK-SLAM 算法

11.7.1 系统框架

OMASK-SLAM 算法的核心思想为对关键帧进行语义获取和几何建图处理，以融合信息，构建语义地图[139]。在构建语义地图的进程中，标记出动态障碍物，将其设置为不可用。语义地图构建流程如图 11-12 所示。先用 Mask RCNN 算法训练出语义库，判断出关键帧；然后对关键帧中包含的语义库中的物体进行目标检测与实例分割，并对当前关键帧中的二维图像进行语义标注，将二维图像中含有语义信息的点映射到三维点云，三维点云中语义信息相等的点为同一个物体。

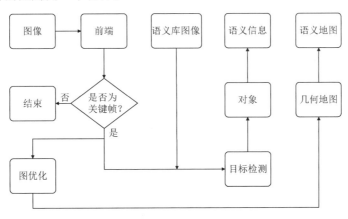

图 11-12 语义地图构建流程

11.7.2 几何特征与语义信息的融合

对一个系统而言，对相机获取的所有图像帧进行处理会造成极大的系统资源浪费，因

此通常先选取关键帧，再对关键帧进行处理。关键帧选取算法的步骤参见算法 11.1。

算法 11.1　关键帧选取算法

输入：上一关键帧

输出：新关键帧

1．如果距离上一次重定位距离至少有 20 帧，且局部地图线程空闲

2．就跟踪当前帧至少 50 个点

3．若当前帧跟踪到 LocalMap 中参考帧的地图点数量少于 90%

4．则选取为关键帧

5．否则，丢弃

6．结束

对于每个关键帧，用 Mask RCNN 算法进行实例分割，得到语义信息 $X_t = \{X_k\}^N$。其中，$X_k = (x_k^a, x_k^b, x_k^c)$，$x_k^a$ 为实例对象的类别，x_k^b 为实例对象的轮廓，x_k^c 为实例对象的置信度。图 11-13 所示为对某一关键帧进行语义获取的结果。

图 11-13　对某一关键帧进行语义获取的结果

对确定为关键帧后的图像进行处理，共有两个线程，这两个线程会同时进行，线程一是 VSLAM 算法，按照 VSLAM 算法原来流程运行；线程二是语义关联与融合过程，将携带语义信息的关键帧二维图像映射到三维点云，建立地图点和语义信息的联系，公式如下：

$$[X_i, Y_i, Z_i]^{\mathrm{T}} = \exp\left(\boldsymbol{\zeta}_k^{\wedge}\right)^{-1} \boldsymbol{K}^{-1} d_i [x_i, y_i, 1]^{\mathrm{T}} \tag{11-8}$$

式中，X_i、Y_i、Z_i 为三维投影点坐标；$\boldsymbol{\zeta}_k^{\wedge}$ 为某关键帧的位姿反对称矩阵表示形式；$\boldsymbol{K}$ 为相机内参矩阵；d_i 为深度值；x_i 和 y_i 为图像中 i 点的二维坐标。数据融合算法的步骤参见算法 11.2。

算法 11.2　数据融合算法

输入：关键帧内目标物体二维坐标 (x,y)

输出：目标物体全局三维坐标 (x,y,z)

1．构建全局一致的坐标系

2．如果为初始帧

3．就根据对应关系求解三维坐标 (x,y,z)

4．否则，更新模型中对应元素的参数

5．根据上一帧计算下一帧的坐标 (x',y')，变换关系为

$$\begin{bmatrix} x' \\ y' \\ 1 \end{bmatrix} = \begin{bmatrix} m_{11} & m_{12} & m_{13} \\ m_{21} & m_{22} & m_{23} \\ 0 & 0 & 1 \end{bmatrix} \Longleftrightarrow \begin{bmatrix} x \\ y \\ 1 \end{bmatrix}$$

m_{11}、m_{12}、m_{21}、m_{22} 为缩放和旋转系数；m_{13} 为水平方向的位移；m_{23} 为垂直方向的位移

6．求解三维坐标 (x,y,z)

7．保存坐标

8．结束

11.7.3　动态障碍物处理

在日常扫描建图实验过程中，难免会将动态障碍物建入图中，这会对后续使用地图带来麻烦，影响导航效率和质量。

本系统将对获得的语义信息进行处理，对地图中不可用点进行标注。例如，系统将检测为 person、robot、drone 动态类别目标框中的特征点标记为不可用，在后续对地图的使用过程中将会重点关注这些类别，并根据需要进行相应处理。动态障碍物信息处理如图 11-14 所示。

 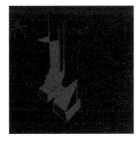 

　（a）原图　　　　　　　　（b）语义标注　　　　　　　（c）几何关键点

图 11-14　动态障碍物信息处理

11.8　实验与分析

11.8.1　实验平台

本节实验以引导机器人 2 号机为实验平台，如图 11-15
所示。与引导机器人 1 号机相比，引导机器人 2 号机的底盘
采用的是全金属设计，避震能力更强，底盘更高，驱动能
力更强，承载能力更强，可用于室外环境。与引导机器人 1
号机相同，引导机器人 2 号机使用笔记本电脑作为控制系统
平台，可搭载激光雷达、深度相机等传感器。

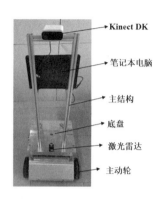

Kinect DK
笔记本电脑
主结构
底盘
激光雷达
主动轮

笔记本电脑的配置为 32GB 内存、256GB 固态硬盘，搭
载 GTX1060 显卡，操作系统为 Ubuntu18.04，对应 ROS 版
本为 Melodic，使用 Eigen、PCL、OpenCV 等依赖库进行一
般语义地图构建实验。

图 11-15　引导机器人 2 号机

11.8.2　语义地图构建

本节实验将运行 DynaSLAM 算法，并使用公开数据集 freiburg3_walking_xyz 进行语义
地图构建，并使用 OMASK-SLAM 算法对实验室环境进行建图。图 11-16 所示为使用
DynaSLAM 算法构建语义地图的过程。图 11-16（a）所示为原始帧，图 11-16（b）所示为
针对原始帧检测出的特征点，图 11-16（c）所示为剔除动态特征点，图 11-16（d）所示为
进行背景修复后输出的 RGB 图像。由图 11-16 可以看出，DynaSLAM 算法利用 Mask
RCNN 算法有效地获取了环境的语义信息，识别出了动态障碍物，并进行了图像的相关修
复。图 11-17 所示为使用 DynaSLAM 算法构建的语义地图。

（a）原始帧　　　（b）针对原始帧检测出的特征点　　　（c）剔除动态特征点　（d）进行背景修复后输出的 RGB 图像

图 11-16　使用 DynaSLAM 算法构建语义地图的过程

实验室环境语义地图如图 11-18 所示。实验室内存在机器人、书桌等物品，算法控制
引导机器人 2 号机缓慢地运行，使其扫描周围环境，并将获得的图像信息传回服务器端进
行处理，建立环境的语义地图。语义标签的存储信息注明某区域内的点云是否可用。若可
用，则标记为 True；否则，标记为 False。

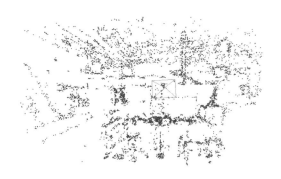

图 11-17 使用 DynaSLAM 算法构建的语义地图

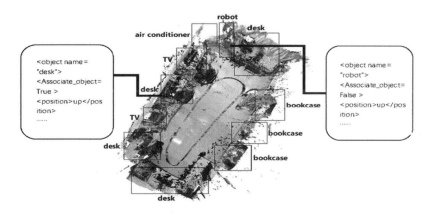

图 11-18 实验室环境语义地图

11.8.3 分析与评估

把实验结果与真实的实验室环境进行比较，可以发现语义 SLAM 算法真实地还原了实验室环境信息，并赋予了其实例语义信息。DynaSLAM 算法有效地对动态障碍物进行了分割，提高了地图的可读性和实用性。OMASK-SLAM 算法对动态障碍物进行了有效标记，在后续的导航和路径规划过程中，对标记有动态障碍物的不可用区域进行了实时视觉判断与更新，若检测不到物体，就纳入路径规划范围；否则，视为障碍物，进行避障处理。

11.9 本章小结

本章先阐述了环境语义地图构建与深度学习的紧密联系，然后介绍了目前使用 Mask RCNN 算法进行语义地图构建的 DynaSLAM 算法和 MaskFusion 算法；研究了 OMASK-SLAM 算法，阐述了几何特征与语义信息融合的关键思想，并给出了动态障碍物的处理办法；最后介绍了引导机器人 2 号机，并在此平台上进行了构建语义地图的实验。

第**12**章

基于行为识别的三维语义建图

12.1 引言

近年来，研究人员试图赋予机器人一些复杂的功能，如行动规划、场景记录与回顾、空间概念及其相互关系推理等[140-145]。然而要实现这些功能离不开地图的帮助。环境中的知识通常以地图的形式存在。地图以信息数据结构的方式表示机器人的工作环境。对于地图已知的情况，机器人通过外部传感器获取地图信息，并与地图进行匹配，从而实现定位与导航。对于地图未知的情况，机器人需要先构建地图。地图中语义信息的重要性为人们所认识很长时间了。目前，有多种方法可以获得语义信息，如二维图像处理、几何激光传感器数据处理、语音识别、三维点云处理等。

近年来，一些研究人员试图建立一种机器人可以获取和使用的包含语义信息的系统[146-147]。然而，基于视觉的方法存在计算量大和背景噪声强度高的问题。从视觉数据中提取特征用于模式识别对计算机的内存和数据处理能力的要求非常苛刻。此外，基于视觉的方法还存在在能见度低的情况下容易失败的问题。

对此，本章提出了一种通过人机交互方式获得三维地图中语义信息的方法，该方法的语义地图是通过融合识别的人体活动及其位置信息创建的。本章使用可穿戴式运动传感器网络和能提供人的位置测量值的运动捕捉系统对人体活动识别问题展开了研究，并提出了一种贝叶斯框架来融合通过不同方式获取的语义信息，从而提高了人体活动识别的精度。本章还对将识别出的人体活动应用于对环境的学习（如家具布局的变化）进行了研究。此外，与人体活动识别密切相关的熵信息将作为对最终融合决策和人体活动分布地图置信度的衡量指标。

本章将介绍如何通过识别出的人体活动来确定家具的类型，并通过在实际环境中进行实验，验证算法的准确性、有效性和实时性。

本章结构安排如下：12.2 节为语义建图系统建模；12.3 节为基于可穿戴式运动传感器

的人体活动识别；12.4 节为实验与分析，介绍算法的实际实验过程并对实验结果进行分析；12.5 节为本章小结。

12.2 语义建图系统建模

12.2.1 问题表述

本章提出的系统采用的方案是在一个未知的人机共存的室内环境中进行人机交互。未知是指对于家具、地图及房间类型没有先验知识，但是人能够使用室内的家具，并且机器人将对人体活动进行实时观测。目标场景是一个能够不断进行人机交互的未知室内环境。基于人体活动识别语义建图系统示意图如图 12-1 所示。

图 12-1 基于人体活动识别语义
建图系统示意图

本章的系统框架将人在环境中的活动作为一个信息源来构建语义地图。通常，人在室内的大部分活动是围绕特定家具展开的，如坐在电脑桌前的椅子上打字，躺在床上翻书等。通过识别人体活动，能学习到人所在位置处的家具的类型。同时位置信息可以作为可能家具类型的约束条件。例如，书架靠墙或被放置在某个角落，而餐桌通常不靠墙。本章的目标是把这些语义信息应用到语义建图中，以使机器人能基于这些语义信息完成更高层次的任务。

本章使用穿戴在右侧腰部、大腿和手腕上的运动传感器对人体活动进行识别，并以 150Hz 的频率采样传感器的三维加速度和三维角速度。由于本章模仿的是人的正常日常活动，并且加速度与角速度属性相似，因此选用三维加速度作为原始数据，将其表示为 $D_t = [\alpha_x, \alpha_y, \alpha_z]$，其中 α_x、α_y 和 α_z 分别为在 t 时刻 x 轴方向、y 轴方向和 z 轴方向的加速度。此外，本章将使用 Vicon 运动捕捉系统对实验者进行定位，并通过实验者穿戴在腰部的带有标记的运动传感器来追踪人的位置，其输出是 t 时刻人在二维空间中的坐标，即

$$P_t = (X_t, Y_t) \tag{12-1}$$

将一个 1s 时间长度的移动窗口施加在运动传感器的测量值上，并计算该窗口内样本的均值和方差，其特征向量表示如下。

$$F_i = \left[\overline{\alpha}_x, \overline{\alpha}_y, \overline{\alpha}_z, \sigma_{\alpha_x}^2, \sigma_{\alpha_y}^2, \sigma_{\alpha_z}^2 \right] \tag{12-2}$$

式中，i 为移动窗口的索引；$\overline{\alpha}_x$ 和 $\sigma_{\alpha_x}^2$ 分别为 x 轴方向的加速度的均值和方差。

在只利用来自运动传感器的数据对人体日常活动进行识别时，本章使用的一种神经网络分类器的输出可表示为 $O_i = f_m(F_i)$，其中 $f_m(\cdot)$ 为分类器传递函数。$O_i \in \{1,2,3,4,5,\cdots\}$，$\{1,2,3,4,5,\cdots\}$ 分别表示 {躺着,坐着,站着,走着,跑着,$\cdots$}。

将相同的 1s 时间长度的移动窗口施加在如式（12-1）所示的来自 Vicon 运动捕捉系统的位置测量值上，将从该窗口中提取的样本均值和方差表示为 $\boldsymbol{L}_i$：

$$\boldsymbol{L}_i = \left[\overline{X}_t, \overline{Y}_t, \sigma_{X_t}^2, \sigma_{Y_t}^2 \right] \tag{12-3}$$

将另一种神经网络分类器应用于 $\boldsymbol{L}_i$（具体是 $\sigma_{X_t}^2$ 和 $\sigma_{Y_t}^2$）来区分是否符合活动判定标准。该分类器的输出可表示为 $Q_i = f_t(\boldsymbol{L}_i)$，其中 $f_t(\cdot)$ 为基于位置数据方差的分类器传递函数。$Q_i \in \{0,1\}$，$Q_i = 1$ 表示活动；$Q_i = 0$ 表示非活动。

机器人最初进入的是一个未知的环境。设 R 为房间的类型，$R = 1, 2, \cdots, N$。不同类型的房间有不同类型的家具和布置。机器人将感兴趣的室内区域（如一个模拟的公寓）划分成许多栅格。假设栅格总数为 K，区域内的任何位置根据函数 $G = g([X,Y])$ 映射到一个栅格索引，其中 $G \in \{1,2,3,4,5,\cdots,K\}$，$[X,Y]$ 为位置坐标。为了构建一张房间的语义地图，机器人不仅需要检测周围物体及其位置，还需要为各种物体标注对应的家具类型。由于系统没有房间的先验知识，假设 $P_0(R) = 1/N$，$P_{G,0}(F) = 1/M$，其中 G 为目标所在的栅格；F 为家具类型，$F = 1, 2, \cdots, M$。假设均匀分布在初始阶段表示最少的先验知识，即熵是最大的。在语义地图建成后，本章将利用拥有巨大信息量的概率分布 $P_t(R)$ 得到同样拥有巨大信息量的概率分布 $P_{G,t}(F)$，其中 t 为时间指数。本章所提的语义建图系统的结构如图 12-2 所示。

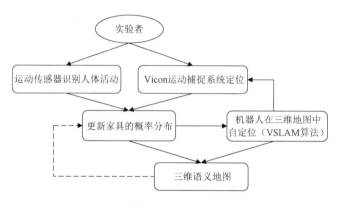

图 12-2　本章所提的语义建图系统的结构

12.2.2　运动传感器信息源

给定真实活动的先验知识 $P(A)$，t 时刻观测值 O 的不变条件概率 $P(O|A)$ 可以通过监督式学习获得。因此，可以使用贝叶斯定理来表示 t 时刻给定观测值的活动概率分布：

$$P(A|O) \propto P(O|A)P(A) \tag{12-4}$$

类似地，家具概率分布的表达式为

$$P(F|A) \propto P(A|F)P(F) \tag{12-5}$$

根据全概率规则：

$$P(F|O) = \sum_A P(F|A)P(A|O) \tag{12-6}$$

可得在 t 时刻给定观测值 O 时的后验家具概率分布。

这里的交互信息（熵）H 是用来测量信息增益 I 的，相应表达式为

$$H(F) = -E_F\left[\log P(F)\right] \tag{12-7}$$

$$\begin{aligned} H(F|O) &= -E_F\left[\log P(F|O)\right] \\ &= -\sum_O P(F|O)\log P(F|O) \end{aligned} \tag{12-8}$$

$$I(F;O) = H(F) - H(F|O) \tag{12-9}$$

12.2.3 活动位置信息源

如果在地图中给定某一位置类型 $P(V|A)$，那么可以将家具的概率分布看作由基于案例推理得到的先验知识。基于贝叶斯定理，后验家具概率分布可以通过如下公式得到

$$P(A|V) \propto P(V|A)P(A) \tag{12-10}$$

这里的交互信息（熵）H 也是用来测量信息增益 I 的，其相应表达式为

$$H(A) = -E_A\left[\log P(A)\right] \tag{12-11}$$

$$\begin{aligned} H(A|V) &= -E_A\left[\log P(A|V)\right] \\ &= -\sum_V P(A|V)\log P(A|V) \end{aligned} \tag{12-12}$$

$$I(A;V) = H(A) - H(A|V) \tag{12-13}$$

12.2.4 运动信息与位置信息融合

本章将两个不同信息源的信息融合中心看作一个黑盒子，其输出为局部决策 O 和局部感知模型 V。由于运动传感器和 Vicon 运动捕捉系统是两种不同的检测源，因此在给定真实的底层活动时，可以假设由这两种方式采集的信息相互独立，这意味着：

$$P(O,V|A) = P(O|A)P(V|A) \tag{12-14}$$

使用贝叶斯定理，在给定局部决策时，底层活动的后验概率表达式为

$$\begin{aligned} P(A|O,V) &= \frac{P(O,V|A)P(A)}{P(O,V)} \\ &\propto P(O|A)P(V|A)P(A) \end{aligned} \tag{12-15}$$

后验概率正比于局部决策的条件概率分布，这可以在训练局部分类器后获得。令 $\hat{F}_i$ 为融合中心的第 i 个输出，$i \in \{1,2,3,4,5,\cdots\}$，可得最大后验概率 $\hat{F}_i$ 为

$$\hat{F}_i = \underset{A}{\arg\max}\, P(A|O,V) \tag{12-16}$$

因此，运动信息和位置信息将有效地融合，以产生一个全局决策。

如果 O 和 V 一致，那么运动信息和位置信息的融合可以进一步提高决策的置信度。如果 O 和 V 不一致，那么运动信息和位置信息的融合将降低决策的置信度。

熵是一种衡量随机量不确定性的有效标准。通过对运动信息和位置信息融合前后的熵进行比较，可以判断融合是否有助于降低随机量的不确定性，并且决定是否应该进一步进行检测和处理，以提高确定性。

在运动信息和位置信息融合前，只使用运动传感器数据的活动识别的熵为

$$\begin{aligned} H(A|O) &= -E_A\big[\log P(A|O)\big] \\ &= -\sum_A P(A|O)\log P(A|O) \end{aligned} \tag{12-17}$$

此处运动传感器的局部决策 O 被视为已知量。给定 O 时得到的后验概率为

$$P(A|O) \propto P(O|A)P(A) \tag{12-18}$$

同样地，给定局部感知模型 V 可以分别得到后验概率及熵，相应表达式为

$$P(A|V) \propto P(V|A)P(A) \tag{12-19}$$

$$\begin{aligned} H(A|V) &= -E_A\big[\log P(A|V)\big] \\ &= -\sum_A P(A|V)\log P(A|V) \end{aligned} \tag{12-20}$$

使用式（12-15）融合运动信息和位置信息后，得到熵为

$$\begin{aligned} H(A|O,V) &= -E_A\big[\log P(A|O,V)\big] \\ &= -\sum_A P(A|O,V)\log P(A|O,V) \end{aligned} \tag{12-21}$$

熵衡量的是人体活动识别的不确定性，熵减小表明运动信息和位置信息融合后决策有效，熵增大表明运动信息和位置信息融合后决策不可靠。该数据在低层需要使用其他分类器进行处理，并且需要重复运动信息和位置信息融合过程，以便验证结果。

活动分布概率因房间中家具布局的不同而不同。例如，如果一个栅格包含一把椅子，那么"坐着"的概率比"走着"的概率高得多；对于没有任何家具的栅格，"走着"或"站着"的概率比"坐着"和"躺着"的概率高得多。因此，可以基于特定栅格上识别的人体活动生成一张活动分布图，并且可以根据活动分布图推断家具的布局。

对于任何特定的栅格位置 $G \in \{1,2,\cdots,K\}$，在给定局部决策记录 O_i，O_{i-1}，$\cdots$，O_1 和 V_i，V_{i-1}，$\cdots$，V_1 时，需要找到活动 A 的后验概率：

$$P\left(A\middle|O_{\{1:i\}},V_{\{1:i\}},G\right)=\frac{P\left(A,O_i,V_i\middle|O_{\{1:i-1\}},V_{\{1:i-1\}},G\right)}{P\left(O_i,V_i\middle|O_{\{1:i-1\}},V_{\{1:i-1\}},G\right)}$$
$$\propto P\left(O_i\middle|A,G\right)P\left(V_i\middle|A,G\right)P\left(A\middle|O_{\{1:i-1\}},V_{\{1:i-1\}},G\right)$$

（12-22）

将 G 作为条件来强调活动分布栅格 G。例如，"坐着"（$A=2$）的概率高，表明栅格 G 中可能包含一把椅子。

在栅格 G 处活动的熵为

$$H\left(A\middle|G\right)=-E_A\left[\log P\left(A\middle|O_{\{1:i\}}\right),V_{\{1:i\}},G\right]$$
$$=-\sum_A P\left(A\middle|O_{\{1:i\}},V_{\{1:i\}},G\right)\log P\left(A\middle|O_{\{1:i\}},V_{\{1:i\}},G\right)$$

（12-23）

由于熵表示栅格上活动的不确定性，因此可以通过比较在同一个栅格上当前窗口和前一个窗口之间的熵，来推断家具布局可能出现的变化。与先前值相比，熵减小表示该栅格的地图或包含的家具没有改变；熵增加且超过一定阈值，表示该栅格的地图或包含的家具发生了改变。

12.2.5　语义地图信息反馈

当语义地图获得越来越大的置信度时，未知环境中的房间类型将会变得越来越清晰，如厨房、餐厅、卧室、客厅、书房等，对于某些类型的房间，可以更新上面讨论的两个信息源的先验知识。将 $P(F|R)$ 代入式（12-5）和式（12-10）作为更新了的先验知识，其中 $R\in\{1,2,3,4,5\}$。由于可能进行的活动因房间类型不同而不同，因此 $P(R)$ 将在人体活动识别部分进一步提高人体活动识别的准确率。

12.3　基于可穿戴式运动传感器的人体活动识别

12.3.1　人体活动识别方法的分类

目前人体活动识别方法主要分为两大类：基于视觉的方法和基于运动传感器的方法。

基于视觉的方法被广泛应用于检测人体部位和识别人体日常活动。在该类方法中，由摄像头采集的可视化数据包含身体部位和动作的视觉信息，并且对应的特征通过活动分类进行提取。例如，Li 等人[148]使用支持向量机实现了基于运动的身影分割来追踪视频中行走的人。然而，基于视觉的方法存在的问题是需要处理大量数据。从视觉数据中提取特征用于模式识别对于计算机的内存和数据处理能力的要求非常苛刻。为此，Knuth 等人[149]专门写了一份研究报告来介绍更多有关这类方法的研究内容。

基于运动传感器的方法利用多个穿戴在人体各个部位的运动传感器组成了一个人体传

感器网络。其中，运动传感器主要含有加速计和陀螺仪，负责检测身体各部位的运动信息。例如，Mohanarajah 等人[150]使用一种穿戴在身体不同部位的由五个小型的双轴加速度计组成的系统来识别人体活动。该系统的缺点是穿戴这些传感器比较麻烦，并且由于这些传感器彼此之间有线连接，因此用户很难接受将这些传感器一直穿戴在身上。运动传感器系统常将视觉系统用作辅助验证，也就是基于视频数据检测地面实况，进而验证基于运动传感器系统的识别结果[151]。此外，另一些研究人员使用 GPS 来辅助基于运动传感器的人体活动识别。例如，Vautherin 等人[152]通过一种由可穿戴式 GPS 位置传感器获得的数据来确定用户的某些重要位置，并且试图识别人在这些位置进行的活动，但是该方法不针对室内环境。目前有不同类型的跟踪系统可以提供位置信息，关键问题是如何有效地利用这些信息源来识别人体活动。

12.3.2 人体活动识别系统的框架

本章提出的基于人体活动识别的语义建图算法流程图如图 12-3 所示。它由数据采样模块、数据处理模块、活动识别模块、语义地图生成模块组成。数据采样模块先分别利用穿戴在实验者右侧腰部和右侧大腿上的两个运动传感器采集数据，以及借助和腰部传感器一起固定在实验者皮带上的标记来获得由 Vicon 运动捕捉系统提供的人的位置数据，每组数据包括传感器 ID、三维加速度数据、位置数据。然后数据处理模块按照两个步骤处理采得的数据：粗粒度的在线人体活动和离散化观测值，其中观测值离散化过程每秒会产生一个代表人体活动的向量，从原始数据中提取的三维加速度的均值和方差将被离散化到观测值，以便在 DBN 模型中用于细粒度的人体活动的识别。活动识别模块利用获得的离散化观测值进行细粒度的人体活动的识别。语义地图生成模块利用人与家具之间的活动关系识别家具类型，并将家具信息加入三维地图，从而生成一张包含语义信息的三维室内地图。

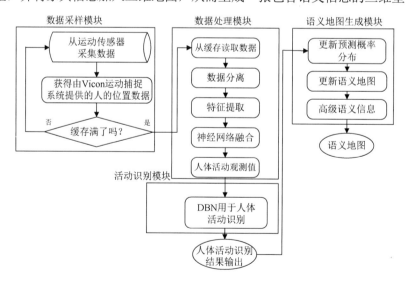

图 12-3 基于人体活动识别的语义建图算法流程图

12.3.3　分层活动和手势模型

在室内环境中，人体活动（身体活动和手势）常与人的位置高度相关，并且人的位置变化通常按照某些模式进行。本章假设人的位置转变是一个离散的一阶马尔可夫过程，并且两个连续的身体活动和手势间存在约束条件。例如，某一时刻某人站在书架前找书，在下一时刻他更有可能拿上书走开而不是坐下来。类似地，假设身体活动和手势的转换也是一个离散的一阶马尔可夫过程。一个人的位置、身体活动和手势都受到时间段内的因果关系和跨时间段的依赖关系约束，因此可以使用一种 DBN 模型进行模拟，其活动模型与手势模型如图 12-4 所示。图中不带阴影的节点表示隐含状态，带阴影的节点表示观测值。实线表示在某一时刻对应节点的因果关系，而虚线表示两个时刻（ t 时刻和 $t+1$ 时刻）之间跨时间段的依赖关系。该模型的顶层表示人的位置 S^A，中层表示人的身体活动 S^B，底层表示人的手势 S^H。在数据预处理步骤中，对由 Vicon 运动捕捉系统观察到的观测值 O^A 进行聚类，合并来自右侧腰部和右侧大腿处的传感器数据并将其聚类到观测值 O^B 中，将右手传感器测量值聚类到观测值 O^H 中。

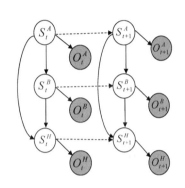

图 12-4　DBN 的活动模型与手势模型

12.3.4　基于无线运动传感器的人体活动识别

1. 粗粒度人体活动的分类

首先建立一种基于可穿戴式无线运动传感器的人体活动识别算法，暂时不考虑位置信息。将两个无线运动传感器分别穿戴在人右侧腰部和右侧大腿上，并在室内环境中分别进行身体活动识别与手势识别。本章检测的人体活动包括躺着、坐着、站着、从坐到站、从站到坐、从坐到躺、从躺到坐、从站到走、从走到站、走着、跑着，以及有待识别的手势：拿书和打字。未定义的手势将被看作非手势动作。

本章将上述身体活动分为三类：静态活动、过渡性活动和持续性活动。图 12-5 给出了身体活动的详细分类图。

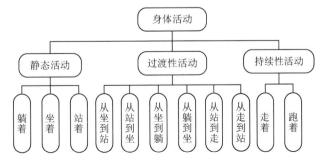

图 12-5　身体活动的详细分类图

本章提出的人体活动识别算法分为两个步骤：粗粒度分类和细粒度分类。粗粒度分类将融合来自腰部和大腿处的传感器数据的两个神经网络输出，并产生一个粗粒度分类结果；细粒度分类将使用 DBN 模型来实现实时人体活动识别，并生成详细的活动类型。

在 DBN 模型中，利用神经网络对来自腰部和大腿的传感器特征向量进行分类，获得身体活动的观测值 O^B。基于神经网络的粗粒度分类如图 12-6 所示。对于每个网络，其输入为从传感器的原始数据中提取的一个 $n \times 1$ 的特征向量，它表示 n 个特征。第一层和第二层使用对数 Sigmoid 型函数，第三层使用硬极限函数。第一层和第二层共同构成了一个两层前馈神经网络，其权重和偏置使用反向传播方法进行训练。第三层输出的离散值是 0 或 1。

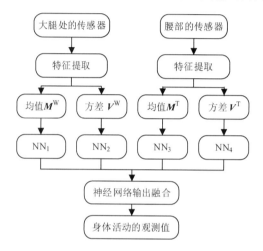

图 12-6　基于神经网络的粗粒度分类

1）特征提取

在粗粒度分类中，对以 150Hz 采样的原始传感器数据进行特征提取。本章使用带有 150 个数据点的缓冲区来处理原始传感器数据。设 $\boldsymbol{D}_i$ 为在实时处理过程中的第 i 个缓冲区，则

$$\boldsymbol{D}_i = \left[V_1, V_2, \cdots, V_{150}\right]^{\mathrm{T}} \tag{12-24}$$

从原始传感器数据中提取的特性（均值和方差）形成神经网络 NN$_1$、NN$_2$、NN$_3$、NN$_4$ 的四个输入矢量：

$$\begin{cases} \boldsymbol{M}^{\mathrm{W}} = \left[\operatorname{mean}\left(\boldsymbol{D}_x^{\mathrm{W}}\right), \operatorname{mean}\left(\boldsymbol{D}_y^{\mathrm{W}}\right), \operatorname{mean}\left(\boldsymbol{D}_z^{\mathrm{W}}\right)\right] \\ \boldsymbol{V}^{\mathrm{W}} = \left[\operatorname{var}\left(\boldsymbol{D}_x^{\mathrm{W}}\right), \operatorname{var}\left(\boldsymbol{D}_y^{\mathrm{W}}\right), \operatorname{var}\left(\boldsymbol{D}_z^{\mathrm{W}}\right)\right] \\ \boldsymbol{M}^{\mathrm{T}} = \left[\operatorname{mean}\left(\boldsymbol{D}_x^{\mathrm{T}}\right), \operatorname{mean}\left(\boldsymbol{D}_y^{\mathrm{T}}\right), \operatorname{mean}\left(\boldsymbol{D}_z^{\mathrm{T}}\right)\right] \\ \boldsymbol{V}^{\mathrm{T}} = \left[\operatorname{var}\left(\boldsymbol{D}_x^{\mathrm{T}}\right), \operatorname{var}\left(\boldsymbol{D}_y^{\mathrm{T}}\right), \operatorname{var}\left(\boldsymbol{D}_z^{\mathrm{T}}\right)\right] \end{cases} \tag{12-25}$$

2）神经网络

在这四个神经网络中，NN$_1$ 和 NN$_3$ 用来检测头部及脚的运动状态，0 表示水平方向，

1 表示垂直方向；NN_2 和 NN_4 用来检测腰部及大腿的运动状态，0 表示静止，1 表示运动。

以测量腰部的神经网络 NN_1 和 NN_2 为例。令 $T_i^{(1)}$ 为 NN_1 的输出，则有

$$T_i^{(1)} = \text{hardlim} \left(f^2 \left(W_1^2 f^1 \left(W_1^1 \mu_i + b_1^1 \right) + b_1^2 \right) - 0.5 \right) \tag{12-26}$$

式中，W_1^1、W_1^2、b_1^1 和 b_1^2 为 NN_1 的参数，可以通过标记好的数据来训练。

NN_2 用来检测腰部运动强度，二进制的 0 和 1 分别用来表示静止和运动。令 $T_i^{(2)}$ 作为 NN_2 的输出，则有

$$T_i^{(2)} = \text{hardlim} \left(f^2 \left(W_2^2 f^1 \left(W_2^1 \mu_i + b_2^1 \right) + b_2^2 \right) - 0.5 \right) \tag{12-27}$$

式中，W_2^1、W_2^2、b_2^1、b_2^2 也能被训练；函数 f^1 和 f^2 在神经网络中都是对数 Sigmoid 函数，因此神经网络的性能指标是可微的，并且其参数可以使用反向传播方法进行训练。

3）神经网络输出融合

利用融合函数来整合 $T_i^{(1)}$ 和 $T_i^{(2)}$，并生成 O 作为粗粒度的分类。融合神经网络的输出可产生身体活动的观测值 O^B，它的取值为 1~8 和*。其中，1 表示躺着、坐着和站着；2 表示从站到走；3 表示从走到站；4 表示走着、跑着；5 表示从站到坐；6 表示从坐到站；7 表示从躺到坐；8 表示从坐到躺；*表示非活动。由 Vicon 运动捕捉系统给定的人体坐标被映射到语义地区 N^A 中，它对应于 N_A 个不同值中的位置观测值 O^A。以下是神经网络输出融合后的输出：$O \in A_m \, iff \, T_i^{(2)} = 1$（$NN_2$ 输出持续性运动），包括走着、跑着和过渡性活动；$O \in A_{hs} \, iff \, T_i^{(1)} = 0$ 和 $T_i^{(2)} = 0$（NN_1 输出水平方向，NN_2 输出静止），包括躺着和坐着。$O \in A_{vs} \, iff \, T_i^{(1)} = 1$ 和 $T_i^{(1)} = 0$（NN_1 输出垂直方向，NN_2 输出静止），包括站着。神经网络输出融合策略如表 12-1 中所示。

表 12-1 神经网络输出融合策略

腿部传感器		腰部传感器			
		$NN_3=0$		$NN_3=1$	
		$NN_4=0$	$NN_4=1$	$NN_4=0$	$NN_4=1$
$NN_1=0$	$NN_2=0$	1	*	*	2
	$NN_2=1$	*	*	3	5
$NN_1=1$	$NN_2=0$	*	4	*	8
	$NN_2=1$	7	*		6

2. 自适应手势检测

在本章提出的系统中，需要先将手势动作与其他非手势动作分离出来。由于手势在不同的复杂活动中表现出不同的强度水平，因此用于手势识别的参数必须能适应环境和身体活动的变化。例如，一个人在翻书时手的运动强度要远大于走路时手的运动强度。因此，需要根据不同的位置和身体活动来训练分类器。

手势 O^H 的观测值是通过分类器与手腕传感器相适应的 O^A 和 O^B 获得的。首先，手腕运动数据的特征向量是根据 O^A 和 O^B 分组的。当 $O^A = a$ ， $O^B = b$ 时，令 $\boldsymbol{F}^H_{(a,b,t)}$ 表示 t 时刻的特征向量， $\boldsymbol{F}^H_{(a,b)}$ 表示训练数据集中的所有特征向量。将 $K\text{-means}$ 算法应用于 $\boldsymbol{F}^H_{(a,b)}$ ，取得均值形心点 $\boldsymbol{C}(a,b) = \{\boldsymbol{C}_1, \boldsymbol{C}_2, \cdots, \boldsymbol{C}_i, \cdots, \boldsymbol{C}_k\} = f_{K\text{-means}}\left(\boldsymbol{F}^H_{(a,b)}, K\right)$ ，其中 $f_{K\text{-means}}$ 为用于 $K\text{-means}$ 算法的函数， K 为 $K\text{-means}$ 算法中的聚类数。

在测试阶段，需要计算出手腕运动数据的每个特性向量 $\boldsymbol{F}^H_{(a,b,t)}$ 与均值形心点间的欧几里得距离，并将指数 $\boldsymbol{C}_i$ 的最小距离作为手腕观测值 O^H_t ，即

$$O^H_t = \underset{i}{\arg\min} \left\| \boldsymbol{F}^H_{(a,b,t)} - \boldsymbol{C}_i \right\| \tag{12-28}$$

式中，$\|\|$ 为欧几里得范数。由于均值形心点是在不同位置和身体活动情况下训练的，因此自适应群集可以发现手腕运动数据的特征向量中包含的有意义的手势。

12.3.5　DBN 模型的实现

1. DBN 的数学模型

在如图 12-4 所示的 DBN 模型中，状态和观测值的上标表示级别：区域 A （上层）、身体 B （中层）和手腕 H （底层），下标 t 表示时间，并且每层都有状态转移概率分布、观测值概率分布和初始状态分布三个基本要素。

1）状态转移概率分布

每层的状态转移概率分布反映了 DBN 模型在时间段内的依赖性。上层的位置转移概率 $a^A_{i,j}$ 表示拓扑结构的布局和个人在环境中不同地点间转换的特点。

$$a^A_{i,j} = P\left(S^A_{t+1} = j \middle| S^A_t = i\right) \tag{12-29}$$

中层的身体活动转移概率 $a^B_{i,j,p}$ 取决于位置，即

$$a^B_{i,j,p} = P\left(S^B_{t+1} = j \middle| S^B_t = i, S^A_{t+1} = p\right) \tag{12-30}$$

底层的手势转移概率 $a^H_{i,j,p,q}$ 取决于位置和身体活动，即

$$a^H_{i,j,p,q} = P\left(S^H_{t+1} = j \middle| S^H_t = i, S^B_{t+1} = q, S^A_{t+1} = p\right) \tag{12-31}$$

2）观测值概率分布

由于状态转移概率分布、观测值概率分布、初始状态分布只依赖于在同一层的对应状态，因此观测值概率分布 $b^A_{i,j}$ 、 $b^B_{i,j}$ 和 $b^H_{i,j}$ 分别可以表示为

$$b^A_{i,j} = P\left(O^A_t = j \middle| S^A_t = i\right) \tag{12-32}$$

$$b_{i,j}^B = P\left(O_t^B = j \middle| S_t^B = i\right) \tag{12-33}$$

$$b_{i,j}^H = P\left(O_t^H = j \middle| S_t^H = i\right) \tag{12-34}$$

3）初始状态分布

由于时间段内的依赖关系从序列开始就存在，因此初始状态分布 π_i^A、$\pi_{j,i}^B$ 和 $\pi_{k,j,i}^H$ 也遵循图 12-4 中各级之间的链式关系，即

$$\pi_i^A = P\left(S_1^A = i\right) \tag{12-35}$$

$$\pi_{j,i}^B = P\left(S_1^B = j \middle| S_1^A = i\right) \tag{12-36}$$

$$\pi_{k,j,i}^H = P\left(S_1^H = k \middle| S_1^B = j, S_1^A = i\right) \tag{12-37}$$

根据上述对于 DBN 模型的描述，可以得出观测序列的联合概率为

$$P\left(S_{1:t}^A, S_{1:t}^B, S_{1:t}^H, O_{1:t}^A, O_{1:t}^B, O_{1:t}^H\right)$$

$$= P\left(S_1^A\right) \prod_{t=2}^T P\left(S_t^A \middle| S_{t-1}^A\right) \prod_{t=1}^T P\left(O_t^A \middle| S_t^A\right) P\left(S_1^B \middle| S_1^A\right) \prod_{t=2}^T P\left(S_t^B \middle| S_{t-1}^B, S_t^A\right) \prod_{t=1}^T P\left(O_t^B \middle| S_t^B\right) P\left(S_1^H \middle| S_1^B, S_1^A\right)$$

$$\prod_{t=2}^T P\left(S_t^H \middle| S_{t-1}^H, S_t^B, S_t^A\right) \prod_{t=1}^T P\left(O_t^H \middle| S_t^H\right) \tag{12-38}$$

式中，T 为观测序列的长度。这个公式的计算复杂度太大，不能直接用于实时处理。基于此，本章提出一种改进的维特比算法，该算法可用来递归地估计概率。

2. 改进的维特比算法

本节将利用本章提出的改进的维特比算法实时获得详细的活动类型。从粗粒度分类步骤中的神经网络输出融合得到了观测值 O_i。在细粒度分类步骤中，详细的类型需要进行解码，这是从 3 个独特的观测值之一到 11 个活动之一的映射。

标准的维特比算法[153]问题是当给定观测序列 $O = \{O_1, O_2, \cdots, O_n\}$ 和 HMM 模型参数 $\lambda = (A, B, \pi)$ 时要找到最优的状态序列。在选择一个对应的状态序列时，标准的维特比算法在某种意义上是最优的。然而，由于标准的维特比算法需要考虑所有观测序列，并且标准的维特比算法的计算复杂度为 $O\left(T \times |Q|^2\right)$，其中 T 为观测序列的长度，Q 为状态空间的大小，$T \times |Q|^2$ 为存储器大小，因此该算法不适用于实时输入和输出情况。为此，本章提出了改进的维特比算法，以提高效率并用于实时在线活动解码。改进的维特比算法在每个时间步长内的计算复杂度为 $O\left(|Q|^2\right)$，存储器大小为 $L \times |Q|^2$；其中 $L \geqslant 3$，为观测序列的长度。与标准的维特比算法相比，改进的维特比算法的计算复杂度降低了。

改进的维特比算法的运算可以分为三个步骤：初始化、贝叶斯滤波的递归及路径平滑。

1）初始化

$$\delta_1(i,j,k) = P(S_1^A = i) \cdot P(O_1^A | S_1^A = i) \cdot P(S_1^B = j | S_1^A = i) \cdot P(O_1^B | S_1^B = j) \cdot$$
$$P(S_1^H = k | S_1^B = j, S_1^A = i) \cdot P(O_1^H | S_1^H = k) \tag{12-39}$$

$$\psi_1(i,j,k) = [0,0,0] \tag{12-40}$$

2）贝叶斯滤波的递归

$$\delta_t(i,j,k) = \max_{p,q,r} \left(\delta_{t-1}(p,q,r) a^A b_{p^i}^A \delta_{t-1} a^B b_{q^j}^B \delta_{t-1} a^H b_{r^k}^H \right)$$
$$= \max_{p,q,r} \begin{bmatrix} \delta_{t-1}^H(p,q,r) P(S_t^A = i | S_{t-1}^A = p) b_{p^i}^A P(S_t^B = j | S_{t-1}^B = q, S_t^A = i) \\ b_{q^j}^B P(S_t^H = k | S_{t-1}^H = r, S_t^B = j, S_t^A = i) b_{r^k}^H \end{bmatrix} \tag{12-41}$$

$$\psi_t(i,j,k) = \operatorname*{argmax}_{p,q,r} \delta_t(i,j,k) \tag{12-42}$$

$$q_t^* = \operatorname*{argmax}_{i,j,k} \delta_t(i,j,k) \tag{12-43}$$

3）路径平滑

$$q_{t-1}^* = \psi_t(q_t^*) \tag{12-44}$$

用于 DBN 模型的改进的维特比算法伪代码如算法 12.1 所示。

算法 12.1　用于 DBN 模型的改进的维特比算法伪代码

---

1. 初始化：观测序列长度 $L=3$，使用式（12-39）和式（12-40）初始化 δ_1 和 ψ_1

2. 对于每个新的观测值 O_t，分别使用式（12-41）和式（12-42）得到 $\delta_t(i,j,k)$ 和 $\psi_t(i,j,k)$

3. 对 $\delta_t(i,j,k)$ 使用式（12-43）得到目前的状态估计 q_t^*

4. 使用式（12-44）计算 $t-1$ 时刻的状态估计

5. 如果 q_{t-1}^* 发生变化，那么修正前面的状态估计

6. 保存 $\delta_t(i,j,k)$ 用于下一个循环

12.3.6　基于贝叶斯定理的人体活动识别更新

将 Vicon 运动捕捉系统给出的实验者坐标映射到子区域 E 中，$E \in \{1, 2, \cdots, K\}$，$K$ 为地图中子区域的总数。通过给定的子区域 E 可以找到活动分布，E 为条件概率分布表 $p(S|E)$ 的 E 行。这里假设位置测量是准确的并且估计出的 $\hat{E}$ 与真实位置 E 相同。令 $\hat{S}_i$ 表示细粒度分类步骤中的第 i 个估计到的活动。根据贝叶斯定理，用位置信息更新活动的状态，即

$$p\left(S_i \middle| \hat{S}_i, E_i\right) \propto p\left(\hat{S}_i \middle| S_i, E_i\right) p\left(S_i \middle| E_i\right) \qquad (12\text{-}45)$$

式中，$p\left(\hat{S}_i \middle| S_i, E_i\right)$ 为运动传感器数据检测到的准确性矩阵。

由于细粒度分类步骤不考虑位置因素，因此活动估计独立于位置信息，即

$$p\left(\hat{S}_i \middle| S_i, E_i\right) = p\left(\hat{S}_i \middle| S_i\right) \qquad (12\text{-}46)$$

$$p\left(S_i \middle| \hat{S}_i, E_i\right) \propto p\left(\hat{S}_i \middle| S_i\right) p\left(S_i \middle| E_i\right) \qquad (12\text{-}47)$$

融合了位置数据和运动数据的精确活动估计为

$$\hat{S}' = \underset{S_i}{\mathrm{argmax}}\left[p\left(S_i \middle| \hat{S}_i, E_i\right)\right] \qquad (12\text{-}48)$$

12.4　实验与分析

12.4.1　机器人系统配置及实验环境

本章设计了一个室内机器人平台，用于构建室内三维语义地图。室内机器人平台如图 12-7 所示。该平台由 iRobot Create 移动底盘、微型计算机 FitPC3、激光测距仪和 Q24 摄像头组成。Q24 摄像头可以实现对目标的实时检测与跟踪。激光测距仪可以提供在某方位角的距离测量值。此外，本章设计的可穿戴式运动传感器可采集人的运动数据，运动传感器上的 VN-100 模块可以测量三维加速度和三维角速度，并能通过 XBee 模块将测量值传送给服务器。除此之外，还需要借助 Vicon 运动捕捉系统来获得人的位置

图 12-7　室内机器人平台

测量值。Vicon 运动捕捉系统由 12 台相机和若干标记组成，对人的定位通过运行在服务器上的跟踪软件来实时计算标记的位置来实现，标记的位置精度可以达到毫米级。

由于人体穿戴运动传感器的部位对于活动识别影响很大，因此本章采集了将运动传感器穿戴在人体不同部位时的数据，并且对于身体活动识别和手势识别，手腕、腰部和大腿是比较好的穿戴传感器的位置。大多数活动可以使用由这 3 处运动传感器组成的人体传感器网络识别出来。将运动传感器分别穿戴在右侧的手腕、右侧腰部和右侧大腿上，采集人体活动数据。当人进行活动时，传感器网络先将运动数据通过 Zigbee 发送给服务器，服务器将对身体活动与手势类型进行识别，服务器将识别出的结果通过 Wi-Fi 发送给机器人，机器人根据身体活动与手势类型确定家具类型，并将家具类型自动标注到三维地图中，从而实现对室内的三维语义地图的构建。人体活动识别硬件系统示意图如图 12-8 所示。

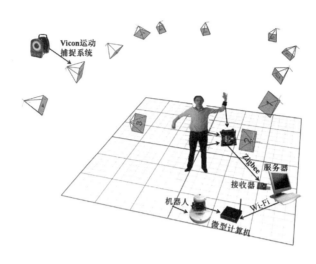

图 12-8　人体活动识别硬件系统示意图

12.4.2　动态障碍物检测与追踪

本章中目标检测与追踪的具体任务是对在室内环境中移动的人进行识别、定位和追踪。为此，本章提出了一种目标识别与追踪算法，该算法用来识别穿橙色 T 恤的人，并不断给机器人发送追踪该动态障碍物的运动控制指令[154]。人体目标识别结果如图 12-9 所示。关于目标识别的详细算法在前面已叙述过，这里不再重复。由全景摄像头检测到的人体目标角度和大小数据将作为输入被发送到目标跟踪器节点程序中。

图 12-9 彩图

（a）目标分割　　　　　　　（b）目标识别

图 12-9　人体目标识别结果

这里考虑机器人追踪一个二维环境中的动态障碍物。图 12-10 给出了机器人追踪动态障碍物示意图，图中 $q_r \in R^2$、$p_r \in R^2$ 和 $\theta_r \in R^1$ 分别为 t 时刻机器人的位置、速度和前进方向，$q_{mt} \in R^2$、$p_{mt} \in R^2$ 和 $\theta_{mt} \in R^1$ 分别为 t 时刻动态障碍物的位置、速度和前进方向；q_{rt} 和 φ 分别为从机器人到动态障碍物的相对位置和角度。

令 $q_{rt} = [x_{rt}, y_{rt}]^T$ 是机器人与动态障碍物之间的相对位置，那么它们之间的相对速度可以用相对位置 q_{rt} 的导数来表示。因此，相对速度向量 $p_{rt} = q_{rt} = [x_{rt}, y_{rt}]^T$，其中 x_{rt} 和 y_{rt}

的计算为

$$\begin{cases} x_{rt} = p_{mt}\cos\theta_{mt} - p_r\cos\theta_r \\ y_{rt} = p_{mt}\sin\theta_{mt} - p_r\sin\theta_r \end{cases} \tag{12-49}$$

动态障碍物追踪的目的就是使 $q_r = q_{mt}$ 并且 $p_r = p_{mt}$。

利用 ROS 实现的动态障碍物追踪的具体实施过程如下：由目标检测器节点检测出目标的相对位置和角度与相对大小，基于由目标检测器检测出的橙色区域大小和形心位置计算出目标的角速度和线速度；通过激光测距仪获得在具体角度上机器人和目标之间的距离；通过目标追踪程序将目标保持在机器人视角的中间位置；机器人控制节点通过发送角速度和线速度控制机器人运动；目标跟踪器控制机器人匀速追踪动态障碍物，并在两者之间距离小于一定距离（本章设定为 0.5m）时控制机器人停止运动。动态障碍物追踪过程的 ROS 节点结构如图 12-11 所示。当机器人在移动目标附近停下时，移动目标通常会在某些家具旁活动，相关语义信息将会被更新到三维地图中。

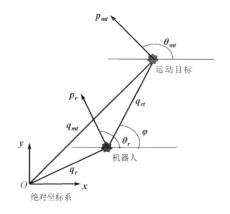

图 12-10　机器人追踪动态障碍物示意图

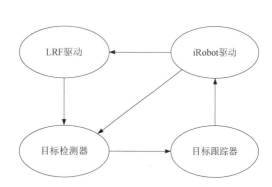

图 12-11　动态障碍物追踪过程的 ROS 节点结构

12.4.3　基于运动传感器的身体活动识别

穿戴在人手腕、腰部和大腿上的三个运动传感器以 150Hz 的频率对三维加速度和三维角速度进行采样。在实验中可以观察出角速度呈现出与加速度相似的性质，因此本章只将三维加速度作为原始数据。运动传感器上的 Zigbee 模块可以向服务器的接收器发送加速度数据。每个运动传感器都有一个独有的 ID，服务器用它来标记训练阶段的活动。本章提出的将神经网络粗粒度分类和 DBN 模型细粒度分类相结合的方法将用于识别身体活动和手势动作，该方法的有效性和准确性将通过实际实验证明。图 12-12 所示为身体活动识别结果。由图 12-12（a）可知，机器人表现出了静态活动、过渡性活动和持续性活动。由图 12-12（b）可知，分类器检测出了绝大多数活动类型，除了圈出的错误识别部分。这个错误是由基于 DBN 模型的细粒度分类算法在识别剧烈的身体活动时产生的。这主要是因为该算法对运动传感器获取的跑着和走着数据之间的界限不能进行有效的区分。

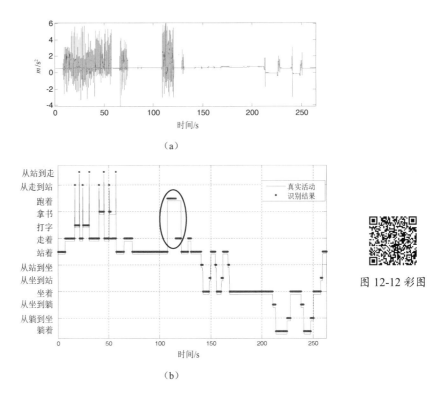

（a）

（b）

图 12-12 彩图

图 12-12 身体活动识别结果

12.4.4 活动识别融合测试

本节将从"粗粒度活动的分类"部分的身体活动中选出五种活动进行测试，即 $A_i \in \{1,2,3,4,5\}$，$\{1,2,3,4,5\}$ 表示 $\{$躺着,坐着,站着,走着,跑着$\}$。分类器在进行监督学习后，可以总结出运动传感器的观测模型 $P(O|A)$，如表 12-2 所示，这相当于运动传感器的精度矩阵。例如，当真实活动 $A_i = 2$ 时，观察到的活动 $O_i = 2$ 的概率是 0.76。位置特征 $\sigma_P^2 = \left(\sigma_X^2, \sigma_Y^2 \right)$ 可聚为两类：0 表示静止，1 表示移动。位置信息的传感模型 $P(V|A)$ 如表 12-3 所示。例如，当真实活动 $A_i = 4$ 时，聚类 $V_i = 2$ 的概率是 0.90。

表 12-2 运动传感器的观测模型 $P(O|A)$

O_i	1	2	3	4	5
1	0.68	0.12	0.04	0.04	0.04
2	0.20	0.76	0.04	0.04	0.04
3	0.04	0.04	0.84	0.04	0.04
4	0.04	0.04	0.04	0.68	0.12
5	0.04	0.04	0.04	0.20	0.76

表 12-3　位置信息的传感模型 $P(V|A)$

V_i	1	2	3	4	5
1	0.90	0.90	0.90	0.10	0.80
2	0.10	0.76	0.10	0.90	0.20

$P(A)$ 的先验知识是未知的，但可以从记录数据中获知，并根据不同的人进行分类。本节实验中使用的先验概率 $P(A)=(0.2,0.5,0.05,0.2,0.05)$，坐着的概率是 0.5，站着和其他动作的概率较低。本章使用的活动融合算法伪代码如算法 12.2 所示。

算法 12.2　活动融合算法伪代码

---

1. 根据先验概率 $P(A)$，定义一系列真实活动 $A=\{A_1, A_2, \cdots, A_k\}$

2. 由表 12-2 生成随机值 O_i

3. 由表 12-3 生成随机值 V_i

4. 根据式（12-16）得到 $\hat{F}_i$

5. 根据式（12-17）、式（12-20）和式（12-21）分别计算融合前后的熵

6. 判断基于熵的变化的融合结果是否可靠

7. 如果融合结果可靠，那么任务结束。否则，重新开始循环

将栅格上的熵绘制成如图 12-13 所示的形式。随着获得数据的不断增多，栅格上熵的概率分布规律开始有更清晰的波峰和波谷。熵增加，表示一种可能的家具布局的变化。例如，在 $t=6$ 处，熵为最小值；在 $t=12$ 处，熵达到峰值，之后再次减小。由此可知，新收敛的活动分布提供了新的家具布局信息。

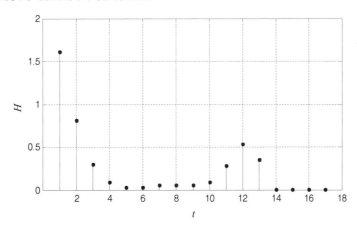

图 12-13　栅格上的熵活动概率分布

12.4.5 二维环境语义建图测试

本节将在二维环境中对语义地图学习系统的性能进行评估。实验室环境如图 12-14 所示。本节将从 12.3.3 节的身体活动动作中选择五种用于实验，$A_i \in \{1,2,3,4,5\}$ 表示 {躺着,打字,坐着,拿书,站着}，$F_i \in \{1,2,3,4,5\}$ 表示 {床,电脑桌,椅子,书架,门}。

二维环境语义地图构建实验将检测信息融合系统，以评估家具类型识别的准确性。此外，本节实验将不考虑如图 12-14 所示的实验环境的语义地图信息反馈。对于每个家具类型，生成 1000 个活动 O_i 和 1000 个位置 V_i。二维室内语义建图结果如图 12-15 所示，图中给出了五种家具的识别结果。

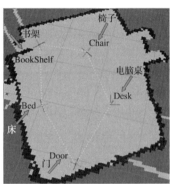

图 12-14　实验室环境　　　　　　　　　　图 12-15　二维室内语义建图结果

12.4.6 三维环境语义建图测试

为了在三维环境中对本章提出的语义建图算法进行验证，本节在安装有 Vicon 运动捕捉系统的实验室中用几块隔板搭建了一个模拟房间，并在该房间中放置了一张床、两把椅子和一个书架，详细布局如图 12-16（a）所示。在实验开始前，先使用 Kinect 摄像头构建该房间的三维环境模型，其中包含床、椅子和书架的三维模型，如图 12-17 所示，并将三维模型存储到机器人的机载计算机内。将机器人放入这个模拟房间，它将追踪穿橙色衣服的人并对其进行定位。人的右侧手腕、右侧腰部和右侧大腿上穿戴有三个运动传感器，如图 12-16（b）所示。

将机器人放入预先搭建的模拟房间。所有 ROS 节点程序都在微型计算机上运行。当身穿橙色 T 恤的实验者出现在摄像头范围内时，目标检测节点程序和目标跟随节点程序将开始运行。实验者引导机器人在模拟房间中匀速运动。机器人将跟随实验者到达某一个家具的位置，并在相隔一定距离时停下。人体传感器网络获取的人体活动数据将被发送到一台服务器上，服务器将基于这些原始数据识别实验者正在进行的活动。机器人从 ROS 节点程序中获得位置估计和人体活动识别结果，并根据式（12-16）产生语义标签，以表明该位置最有可能的家具类型。当实验者在模拟房间不同地点不断地进行活动时，三维语义地图在三维模型中不断增长，直到覆盖整个模拟房间，家具也将被贴上标签添加到三维语义地图中。当机器人不断追踪在模拟房间中进行某些活动的实验者时，可以用另外一台带有 XBee 模块的笔记本电脑呈现已经标记的地图。

图 12-16 彩图

（a）模拟房间图　　　　　　　　　　（b）模拟房间中穿戴有运动传感器的人

图 12-16　模拟实验环境及穿戴有运动传感器的人

（a）三维模拟环境侧视图　　　　　　（b）三维模拟环境主视图

图 12-17　模拟环境的三维模型

　　整个三维语义地图创建的具体实验过程如下：实验者先躺在床上，待机器人到达床所处位置并更新语义信息后，实验者走向第一把椅子（右手边），待机器人更新完椅子的语义信息后，实验者走向书架，同样，待机器人更新完书架的语义信息后，实验者走向第二把椅子（左手边），待机器人更新完椅子的语义信息后，实验者返回第一把椅子处，这时第一把椅子处的语义标签将由"椅子"更新为"返回"；最后实验者停在书架处。当实验者回到书架并被机器人检测到后，此处的语义标签由"书架"更新为"返回"。基于人体活动识别的语义建图实验过程如图 12-18 所示。执行完所有程序后，最终生成的模拟房间的三维语义地图如图 12-19 所示，它包含该房间中的所有语义信息。

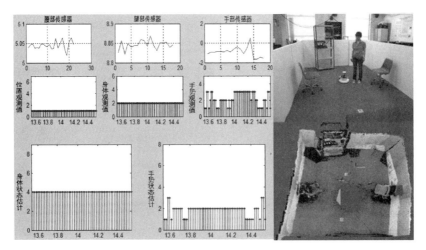

（a）实验者站着时获取到的信号

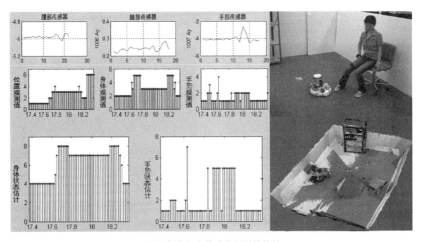

（b）实验者坐着时获取到的信号

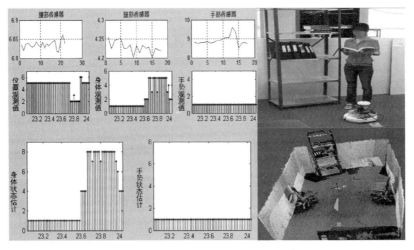

（c）实验者翻书时获取到的信号

图 12-18　基于人体活动识别的语义建图实验过程

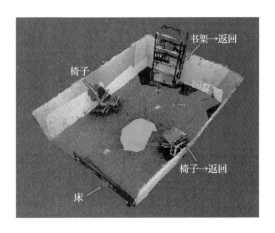

图 12-19　生成的模拟房间的三维语义地图

12.5　本章小结

本章利用运动信息与位置信息融合的方法进行环境三维语义地图建模，设计了一种可穿戴式无线运动传感器及 Vicon 运动捕捉系统，该系统可以同步进行行为识别。先利用无线运动传感器组建人体传感器网络，并提出一种 DBN 模型，该模型用来对位置、身体活动和手势之间约束条件进行建模；然后利用贝叶斯滤波器和改进的维特比算法，实时估计身体活动和手势；最后由机器人根据运动信息与位置信息，判断家具类型，并将家具的语义信息添加到三维语义地图中，从而构建环境的三维语义地图。

参 考 文 献

[1] DAVISON A J，REID I D，MOLTON N D，et al. MonoSLAM：Real-Time Single Camera SLAM [J]. IEEE Transactions on Pattern Analysis and Machine Intelligence，2007，29（6）：1052-1067.

[2] KAMEDA Y. Parallel Tracking and Mapping for Small AR Workspaces (PTAM) Augmented Reality[J]. The Journal of The Institute of Image Information and Television Engineers，2012，66（1）：45-51.

[3] MUR-ARTAL R，MONTIEL J M M，TARDOS J D. ORB-SLAM：A Versatile and Accurate Monocular SLAM System[J]. IEEE Transactions on Robotics，2015，31（5）：1147-1163.

[4] NEWCOMBE R A，DAVISON A J，IZADI S，et al. KinectFusion：Real-Time Dense Surface Mapping and Tracking[C]. International Symposium on Mixed and Augmented Reality，2011.

[5] NAVARRETE J，VIEJO D，CAZORLA M. Compression and Registration of 3D Point Clouds Using GMMs[J]. Pattern Recognition Letters，2018，110（15）：8-15.

[6] Pu S，Song Y B，Ma C，et al. Deep Attentive Tracking Via Reciprocative Learning[C]. Conference on Neural Information Processing Systems，2018.

[7] Zhong B，Yao H，Chen S，et al. Visual Tracking Via Weakly Supervised Learning From Multiple Imperfect Oracles[J]. Elsevier Pattern Recognition，2014，47（3）：1395-1410.

[8] GOMEZOJEDA R，MORENO F，ZUNIGANOEL D，et al. PL-SLAM：A Stereo SLAM System Through the Combination of Points and Line Segments[J]. IEEE Transactions on Robotics，2019，35（3）：734-746.

[9] LI N N K，HE N N F，YU N N H，et al. A Parallel and Robust Object Tracking Approach Synthesizing Adaptive Bayesian Learning and Improved Incremental Subspace Learning[J]. 中国计算机科学前沿：英文版，2019，13（5）：20.

[10] ALVES J，BERNARDINO A. A Remote RGB-D VSLAM Solution for Low Computational Powered Robots[C]. IEEE International Conference on Autonomous Robot Systems and Competitions，2020.

[11] CZARNOWSKI J，LAIDLOW T，CLARK R，et al. DeepFactors：Real-Time Probabilistic Dense Monocular SLAM[J]. IEEE Robotics and Automation Letters，2020，5（2）：721-728.

[12] HIDALGO F，KAHLEFENDT C，BRAUNL T. Monocular ORB-SLAM Application in Underwater Scenarios[C]. OCEANS Conference，2018.

[13] KAZAMI R，AMANO H. A Rapid Optimization Method for Visual Indirect SLAM Using a Subset of Feature Points[C]. Seventh International Symposium on Computing and Networking Workshops，2019.

[14] MC CORMAC J，HANDA A，DAVISON A，et al. SemanticFusion：Dense 3D Semantic Mapping with Convolutional Neural Networks[C]. IEEE International Conference on Robotics and Automation，2017.

[15] RUNZ M，BUFFIER M，AGAPITO L. MaskFusion：Real-Time Recognition，Tracking and Reconstruction of Multiple Moving Objects[C]. International Symposium on Mixed and Augmented Reality，2018.

[16] MAHE H，MARRAUD D，COMPORT A I. Real-time RGB-D Semantic Keyframe SLAM Based on Image Segmentation Learning From Industrial CAD Models[C]. The 19th International Conference on Advanced Robotics，2019.

[17] BERNREITER L，GAWEL A R，SOMMER H，et al. Multiple Hypothesis Semantic Mapping for Robust Data Association[J].IEEE Robotics and Automation Letters，2019，4（2）：3255-3262.

[18] ATANASOV N，BOWMAN S L，DANIILIDIS K，et al. A Unifying View of Geometry，Semantics and Data Association in Slam[C]. International Joint Conference on Artificial Intelligence 2019.

[19] TAIHÚ P，CORTI J，GRINBLAT G. Online Object Detection and Localization on Stereo Visual SLAM System[J]. Journal of Intelligent & Robotic Systems，2020，98（2）：377-386.

[20] LEE H U，LEE K H，KUC T Y. A New Semantic Descriptor for Data Association in Semantic SLAM[C]. The19th International Conference on Control，Automation and Systems，2019.

[21] BAVLE H，PUENTE P D L，HOW J，et al. VPS-SLAM：Visual Planar Semantic SLAM for Aerial Robotic Systems[J]. IEEE Access，2020，99（8）：60704-60718.

[22] KIM C，LI F，REHG J M. Multi-Object Tracking With Neural Gating Using Bilinear LSTM[C]. European Conference on Computer Vision，2018.

[23] SCHORGHUBER M，STEININGER D，CABON Y，et al. SLAMANTIC - Leveraging Semantics to Improve VSLAM in Dynamic Environments[C]. 2019 IEEE/CVF International Conference on Computer Vision Workshop，2019.

[24] KANEKO M，IWAMI K，OGAWA T，et al. Mask-SLAM：Robust Feature-Based Monocular Slam by Masking Using Semantic Segmentation[C]. 2018 IEEE/CVF Conference on Computer Vision and Pattern Recognition Workshops，2018.

[25] 王泽华，梁冬泰，梁丹，等. 基于惯性/磁力传感器与单目视觉融合的 SLAM 方法[J]. 机器

人，2018，40（6）：933-941.

[26] 王丹，黄鲁，李垚. 基于点线特征的单目视觉同时定位与地图构建算法[J]. 机器人，2019，41（3）：392-403.

[27] 张峻宁，苏群星，刘鹏远，等. 一种自适应特征地图匹配的改进 VSLAM 算法[J]. 自动化学报，2019，45（3）：553-565.

[28] ZHENG G Q，ZHOU Z P. Improved Augmented Reality Registration Method Based on VSLAM[J]. Laser & Optoelectronics Progress，2019，56（6）：61501.

[29] WANG W，ZHAO Y，HAN P，et al. TerrainFusion：Real-Time Digital Surface Model Reconstruction Based on Monocular SLAM[C]. IEEE/RSJ International Conference on Intelligent Robots and Systems，2020.

[30] 魏彤，李绪. 动态环境下基于动态区域剔除的双目视觉 SLAM 算法[J]. 机器人，2020，42（3）：10.

[31] 高成强，张云洲，王晓哲，等. 面向室内动态环境的半直接法 RGB-D SLAM 算法[J]. 机器人，2019，41（3）：12.

[32] 李月华，朱世强，于亦奇. 工厂环境下改进的视觉 SLAM 算法[J]. 机器人，2019，41（1）：9.

[33] LI L，LIU Z，ZGNER M，et al. Dense 3D semantic SLAM of traffic environment based on stereo vision[C]. 2018 IEEE Intelligent Vehicles Symposium，2018.

[34] 胡美玉，张云洲，秦操，等. 基于深度卷积神经网络的语义地图构建[J]. 机器人，2019，41（4）：452-463.

[35] 李秀智，李尚宇，贾松敏，等. 实时的机器人语义地图构建系统[J]. 仪器仪表学报，2017，38（11）：10.

[36] 于金山，吴皓，田国会，等. 基于云的语义库设计及机器人语义地图构建[J]. 机器人，2016，38（4）：10.

[37] 姚二亮，张合新，宋海涛，等. 基于语义信息和边缘一致性的鲁棒 SLAM 算法[J]. 机器人，2019，41（6）：10.

[38] 席志红，韩双全，王洪旭. 基于语义分割的室内动态场景同步定位与语义建图[J]. 计算机应用，2019，39（10）：5.

[39] 张括嘉，张云洲，吕光浩，等. 基于局部语义拓扑图的视觉 SLAM 闭环检测[J]. 机器人，2019，41（5）：11.

[40] KAESS M，JOHANNSSON H，ROBERTS R，et al. iSAM2：Incremental Smoothing and Mapping Using the Bayes Tree[J]. International Journal of Robotics Research，2011，31（2）：216-235.

[41] KIM A，EUSTICE R M. Real-Time Visual SLAM for Autonomous Underwater Hull Inspection Using Visual Saliency[J]. IEEE Transactions on Robotics，2013，29（3）：719-733.

[42] KRETZSCHMAR H，STACHNISS C. Information-Theoretic Compression of Pose Graphs for Laser-Based SLAM[J]. International Journal of Robotics Research，2012，31：1219-1230.

[43] MEI C，SIBLEY G，CUMMINS M，et al. RSLAM：A System for Largescale Mapping in Constant-Time Using Stereo[J]. International Journal of Computer Vision，2011，94（2）：198-214.

[44] OLSON E，AGARWAL P. Inference on Networks of Mixtures for Robust Robot Mapping[J]. International Journal of Robotics Research，2013，32（7）：826-840.

[45] SCARAMUZZA D，ACHTELIK M，DOITSIDIS L，et al. Vision-Controlled Micro Flying Robots：From System Design to Autonomous Navigation and Mapping in GPS-Denied Environments[J]. IEEE Robotics and Automation Magazine，2014，21（3）：26-40.

[46] WALLS J M，EUSTICE R M. An Origin State Method for Communication Constrained Cooperative Localization with Robustness to Packet Loss[J]. International Journal of Robotics Research，2014，33（9）：1191-1208.

[47] ZIEGLER J，BENDER P，SCHREIBER M，et al. Making Bertha Drive—an Autonomous Journey on a Historic Route[J]. IEEE Intelligent Transportation Systems Magazine，2014，6（2）：8-20.

[48] ACHTELIK M，BRUNET Y，CHLI M，et al. SFLY：Swarm of Micro Flying Robots[C]. IEEE/RSJ International Conference on Intelligent Robots & Systems，2012.

[49] AGARWAL P，TIPALDI G D，SPINELLO L，et al. Robust Map Optimization Using Dynamic Covariance Scaling[C]. IEEE International Conference on Robotics and Automation，2013.

[50] ANDERSON S，BARFOOT T D. Towards Relative Continuous-Time SLAM[C]. IEEE International Conference，2013.

[51] ZOU W Y，NG A Y，ZHU S，et al. Deep Learning of Invariant Features Via Simulated Fixations in Video[J]. Advances in Neural Information Processing Systems，2012，25：3212-3220.

[52] ZOPH B，VASUDEVAN V，SHLENS J，et al. Learning Transferable Architectures for Scalable Image Recognition[C]. 2017 IEEE/CVF Conference on Computer Vision and Pattern Recognition，2017.

[53] RADWAN N，VALADA A，BURGARD W. VLocNet++：Deep Multitask Learning for Semantic Visual Localization and Odometry[J]. IEEE Robotics and Automation Letters，2018，3（4）：4407-4414.

[54] VALADA A，RADWAN N，BURGARD W. Deep Auxiliary Learning for Visual Localization and Odometry[EB/OL]. [2018-3-9]. https://arxiv.org/abs/1803.03642.

[55] VERTENS J，VALADA A，BURGARD W. SMSnet：Semantic Motion Segmentation Using Deep Convolutional Neural Networks[C]. IEEE/RJS International Conference on Intelligent

 RObots and Systems，2017.

[56] VALADA A，VERTENS J，DHALL A，et al. AdapNet：Adaptive Semantic Segmentation in Adverse Environmental Conditions[C]. IEEE International Conference on Robotics & Automation，2017.

[57] BARNES D，MADDERN W，PASCOE G，et al. Driven to Distraction：Self-Supervised Distractor Learning for Robust Monocular Visual Odometry in Urban Environments[C]. IEEE International Conference on Robotics and Automation，2018.

[58] RANJAN A，JAMPANI V，BALLES L，et al. Competitive Collaboration：Joint Unsupervised Learning of Depth，Camera Motion，Optical Flow and Motion Segmentation[C]. 2019 IEEE/CVF Conference on Computer Vision and Pattern Recognition，2019.

[59] YIN Z，SHI J. GEONet：Unsupervised Learning of Dense Depth，Optical Flow and Camera Pose[C]. 2018 IEEE/CVF Conference on Computer Vision and Pattern Recognition，2018.

[60] LIU S，QI L，QIN H F，et al. Path Aggregation Network for Instance Segmentation[C]. 2018 IEEE/CVF Conference on Computer Vision and Pattern Recognition，2018.

[61] UHRIG J，REHDER E，FROHLICH B，et al. Box2Pix：Single-shot Instance Segmentation by Assigning Pixels to Object Boxes[C]. IEEE Intelligent Vehicles Symposium，2018.

[62] GADDE R，JAMPANI V，GEHLER P V. Semantic Video CNNs Through Representation Warping[C]. IEEE International Conference on Computer Vision，2017.

[63] TOKMAKOV P，ALAHARI K，SCHMID C. Learning Motion Patterns in Videos[C]. 2017 IEEE Conference on Computer Vision and Pattern Recognition，2017.

[64] ILG E，SAIKIA T，KEUPER M，et al. Occlusions，Motion and Depth Boundaries with a Generic Network for Disparity，Optical Flow or Scene Flow Estimation[C]. European Conference on Computer Vision，2018.

[65] ILG E，MAYER N，SAIKIA T，et al. FlowNet 2.0：Evolution of Optical Flow Estimation With Deep Networks[C]. 2017 IEEE Conference on Computer Vision and Pattern Recognition，2017.

[66] CHENG Y，CAI R，LI Z，et al. Locality-Sensitive Deconvolution Networks with Gated Fusion for RGB-D Indoor Semantic Segmentation[C]. IEEE Conference on Computer Vision & Pattern Recognition，2017.

[67] TOURANI S，KRISHNA K M. Using In-Frame Shear Constraints for Monocular Motion Segmentation of Rigid Bodies[J]. Journal of Intelligent & Robotic Systems，2016，82（2）：237-255.

[68] XU P，DAVOINE F，BORDES J B，et al. Multimodal Information Fusion for Urban Scene Understanding[J]. Machine Vision and Applications，2016，27（3）：331-349.

[69] SHAO L，SHAH P，DWARACHERLA V，et al. Motion-Based Object Segmentation Based on

Dense RGB-D Scene Flow[J]. IEEE Robotics and Automation Letters，2018，3（4）：3797-3804.

[70] HE K，ZHANG X，REN S，et al. Spatial Pyramid Pooling in Deep Convolutional Networks for Visual Recognition[J]. IEEE Transactions on Pattern Analysis and Machine Intelligence，2015，37（9）：1904-1916.

[71] SATTLER T，LEIBE B，KOBBELT L. Efficient & Effective Prioritized Matching for Large-Scale Image-Based Localization[J]. IEEE Transactions on Pattern Analysis and Machine Intelligence，2016，39（9）：1744-1756.

[72] CHEN T，LU S. Object-Level Motion Detection from Moving Cameras[J]. IEEE Transactions on Circuits and Systems for Video Technology，2017，27（11）：2333-2343.

[73] OLIVEIRA G L，BOLLEN C，BURGARD W，et al. Efficient and Robust Deep Networks for Semantic Segmentation[J]. The International Journal of Robotics Research，2018，37（4）：472-491.

[74] ABDULNABI A H，WANG G，LU J，et al. Multi-Task CNN Model for Attribute Prediction[J]. IEEE Transactions on Multimedia，2015，17（11）：1949-1959.

[75] SHIBATA T. Development and Spread of Therapeutic Medical Robot，PARO：Innovation of Non-Pharmacological Therapy for Dementia and Mental Health[J]. Journal of Information Processing and Management，2017，60（4）：217-228.

[76] CAIN C，LEONESSA A. FastSLAM Using Compressed Occupancy Grids[J]. Journal of Sensors，2016，2016：1-23.

[77] PEI F，LI H，CHENG Y. An Improved FastSLAM System Based on Distributed Structure for Autonomous Robot Navigation[J]. Journal of Sensors，2014，2014：1-9.

[78] ENGEL J，SCHPS T，CREMERS D. LSD-SLAM：Large-Scale Direct Monocular SLAM[J]. Computer Vision ECCV，Lecture Notes in Computer Science，Springer Cham，2014，8690：834-849.

[79] ZOU D，TAN P. CoSLAM：Collaborative Visual SLAM in Dynamic Environments[J]. IEEE Transactions on Pattern Analysis and Machine Intelligence，2013，35（2）：354-366.

[80] MONTIJANO E，ARAGUES R，SAGUES C. Distributed Data Association in Robotic Networks with Cameras and Limited Communications[J]. IEEE Transactions on Robotics，2013，29（6）：1408-1423.

[81] AKGUN B，CAKMAK M，JIANG K，et al. Keyframe-Based Learning from Demonstration[J]. IEEE Signal Processing Letters of Social Robotics，2012，4（4）：343-355.

[82] HENRY P，MKRAININ M，HERBST E，et al. RGB-D Mapping：Using Kinect-Style Depth Cameras for Dense 3D Modeling of Indoor Environments[J]. IEEE Signal Processing Letters of Robotics Research，2012，31（5）：647-663.

[83] KIM B，PINEAU J. Socially Adaptive Path Planning in Human Environments Using Inverse Reinforcement Learning[J]. IEEE Signal Processing Letters of Social Robotics，2016，8（1）：51-66.

[84] KOBER J，BAGNELL J A，Peters J. Reinforcement Learning in Robotics：A Survey[J]. IEEE Signal Processing Letters of Robotics Research，2013，32（11）：1238-1274.

[85] MOZOS O M，MIZUTANI H，JUNG H，et al. Categorization of Indoor Places by Combining Local Binary Pattern Histograms of Range and Reflectance Data from Laser Range Finders[J]. IEEE Signal Processing Letters of Advanced Robotics，2013，27（18）：1455-1464.

[86] OLSON E，STROM J，MORTON R，et al. Progress Towards Multi-Robot Reconnaissance and the MAGIC 2010 Competition[J]. IEEE Signal Processing Letters of Field Robotics，2012，29（5）：762-792.

[87] CANDIDO S，HUTCHINSON S. Minimum Uncertainty Robot Navigation Using Information-Guided POMDP Planning[C]. IEEE International Conference on Robotics & Automation，2011.

[88] GOEDDEL R，KERSHAW C，SERAFIN J，et al. FLAT2D：Fast Localization from Approximate Transformation into 2D[C]. IEEE/RSJ International Conference on Intelligent Robots & Systems，2016.

[89] GOEDDEL R，OLSON E. DART：A Particle-Based Method for Generating Easy-to-Follow Directions[C]. IEEE/RSJ International Conference on Intelligent Robots & Systems，2012.

[90] ZHANG X，LUO H，FAN X，et al. AlignedReID：Surpassing Human-Level Performance in Person Re-Identification[EB/OL]. [2017-11-22]. https://arxiv.org/abs/1711.08184.

[91] JOHNSON C，KUIPERS B. Efficient Search for Correct and Useful Topological Maps[C]. IEEE/RSJ International Conference on Intelligent Robotics and Systems，2012.

[92] MEHTA D，FERRER G，OLSON E. Fast Discovery of Influential Outcomes for Risk-Aware MPDM[C]. IEEE International Conference on Robotics and Automation，2017.

[93] OLSON E. M3RSM：Many-to-Many Multi-Resolution Scan Matching[C]. IEEE International Conference on Robotics and Automation，2015.

[94] SERAFIN J，GRISETTI G. NICP：Dense Normal Based Point Cloud Registration[C]. IEEE/RSJ International Conference on Intelligent Robots and Systems，2015.

[95] SUNDERHAUF N，PROTZEL P. Switchable Constraints for Robust Pose Graph SLAM[C]. IEEE/RSJ International Conference on Intelligent Robots & Systems，2012.

[96] GODEC M，ROTH P M，BISCHOF H. Ough-Based Tracking of Non-Rigid Objects[J]. Computer Vision and Image Understanding，2013，117（10）：1245-1256.

[97] BASHA T，MOSES Y，KIRYATI N. Multi-View Scene Flow Estimation：A View Centered Variational Approach[J]. International journal of computer vision，2013，101（1）：6-21.

[98] TOMBARI F，SALTI S，DI STEFANO L. Performance Evaluation of 3D Keypoint

Detectors[J]. International Journal of Computer Vision，2013，02（1-3）：198-220.

[99] CANESSA A，CHESSA M，GIBALDI A，et al. Calibrated Depth and Color Cameras for Accurate 3D Interaction in a Stereoscopic Augmented Reality Environment[J]. Journal of Visual Communication and Image Representation，2014，25（1）：227-237.

[100] CAMPLANI M，MANTECON T，SALGADO L. Depth-Color Fusion Strategy for 3D Scene Modeling with Kinect[J]. IEEE transactions on cybernetics，2013，43（6）：1560-1571.

[101] ZHANG M S，ZHANG Z，CHANG Y Z，et al. Kinect-Based Universal Range Sensor and its Application in educational laboratories[J]. International Journal of Online and Biomedical Engineering，2015，11（2）：26-35.

[102] Zhang Z，Zhang M S，Tumkor S，et al. Integration of Physical Devices into Game-Based Virtual Reality[J]. International Journal of Online and Biomedical Engineering，2013，9（5）：25-38.

[103] SHOTTON J，FITZGIBBON A W，COOKM，et al. Real-Time Human Pose Recognition in Parts From Single Depth Images[J]. Communications of the ACM，2013，56（1）：116-124.

[104] CHANG Y Z，AZIZ E S，ESCHE S，et al. A Framework for Developing Collaborative Training Environments for Assembling[J]. The ASEE Computers in Education (CoED) Journal，2013，4（4）：44，2013.

[105] WANG D，LU H，YANG M H. Least Soft-Threshold Squares Tracking[C]. IEEE Conference on Computer Vision & Pattern Recognition，2013.

[106] WU Y，LIM J，YANG M. Online Object Tracking：A Benchmark Supplemental Material[C]. IEEE Conference on Computer Vision and Pattern Recognition，2013.

[107] ZHANG M S，ZHANG Z，ESCHE S K，et al. Universal Range Data Acquisition for Educational Laboratories Using Microsoft Kinect[C]. American Society for Engineering Education Annual Conference and Exposition，2013.

[108] HERBST E，REN X，FOX D. RGB-D Flow：Dense 3D Motion Estimation Using Color and Depth[C]. IEEE International Conference on Robotics & Automation，2013.

[109] RAPOSO C，BARRETO J P，NUNES U. Fast and Accurate Calibration of a Kinect Sensor[C]. International Conference on 3D Vision，2013.

[110] KIM J H，CHOI J S，KOO B K. Simultaneous Color Camera and Depth Sensor Calibration with Correction of Triangulation Errors[C]. International symposium on visual computing，2013.

[111] SHEN J，CHEUNG S C S. Layer Depth Denoising and Completion for Structured-Light RGB-D Cameras[C]. IEEE Conference on Computer Vision and Pattern Recognition，2013.

[112] CHO J H，IKEHATA S，YOO H，et al. Depth Map Up-Sampling Using Cost-Volume Filtering[C]. IEEE IVMSP Workshop，2013.

[113] ATANASOV N，ZHU M，DANIILIDIS K，et al. Localization from Semantic Observations Via the Matrix Permanent[J]. The International Journal of Robotics Research，2016，35（1-3）：73-99.

[114] BADER M，VINCZE M. RoboCup 2013：Robot World Cup XVII[J]. Springer Berlin Heidelberg，2014，8371：456-467.

[115] BOTTERILL T，MILLS S，Green R. Correcting Scale Drift by Object Recognition in Single Camera Slam[J]. IEEE Transactions on Cybernetics，2013，43（6）：1767-1780.

[116] EVERINGHAM M，VAN GOOL L，WILLIAMS C K I，et al. The PASCAL Visual Object Classes（VOC）Challenge[J]. International Jurnal of Computer Vision，2010，88：303-338.

[117] GARCIA-FIDALGO E，ORTIZ A. Vision-Based Topological Mapping and Localization by Means of Local Invariant Features and Map Refifinement[J]. Robotica，2015，33（7）：1446-1470.

[118] GARCIA-FIDALGO E，ORTIZ A. Vision-Based Topological Mapping and Localization Methods：A Survey[J]. Robotics and Autonomous Systems，2015，64：1-20.

[119] YUAN J，ZHU S，TANG K，et al. ORB-TEDM：An RGB-D SLAM Approach Fusing ORB Triangulation Estimates and Depth Measurements[J]. IEE Transactions on Instrumentation and Measurements，2022，71：1-15.

[120] KORRAPATI H，MEZOUAR Y. Multi-Resolution Map Building and Loop Closure with Omnidirectional Images[J]. Autonomous Robots，2017，41（4）：967-987.

[121] KOSTAVELIS I，GASTERATOS A. Learning Spatially Semantic Representations for Cognitive Robot Navigation[J]. Robotics and Autonomous Systems，2013，61（12）：1460-1475.

[122] LIU Z Y，VON WICHERT G. Extracting Semantic Indoor Maps from Occupancy Grids[J]. Robotics and Autonomous Systems，2014，62（5）：663-674.

[123] LIU Q，LI R，HU H，et al. Extracting Semantic Information from Visual Data：A Survey[J]. Robotics，2016，5（1）：8.

[124] MC MANUS C，UPCROFT B，NEWMAN P. Learning Place-Dependant Features for Long-Term Vision-Based Localisation[J]. Autonomous Robots，2015，39（3）：363-387.

[125] RITUERTO A，MURILLO A C，GUERRERO J J. Semantic Labeling for Indoor Topological Mapping Using a Wearable Catadioptric System[J]. Robotics and Autonomous Systems，2014，62（5）：685-695.

[126] WONG L L，KAELBLING L P，LOZANO-PREZ T. Data Association for Semantic World Modeling from Partial Views[J]. The International Journal of Robotics Research，2015，34（7）：1064-1082.

[127] KEJRIWAL N，KUMAR S，SHIBATA T. High Performance Loop Closure Detection Using

Bag of Word Pairs[J]. Robotics and Autonomous Systems，2016，77：55-65.

[128] ATANASOV N A，SANKARAN B，NY J L，et al. Hypothesis Testing Framework for Active Object Detection[C]. IEEE International Conference on Robotics and Automation，2013.

[129] CLEVELAND J，THAKUR D，DAMES P，et al. An Automated System for Semantic Object Labeling with Soft Object Recognition and Dynamic Programming Segmentation[J]. In IEEE International Conference on Automation Science and Engineering，2016，14（6）：820-833.

[130] DROUILLY R，RIVES P，MORISSET B. Fast Hybrid Relocation in Large Scale Metric-Topologic-Semantic Map[C]. IEEE/RSJ International Conference on Intelligent Robots and Systems，2014.

[131] GÜNTHER M，WIEMANN T，ALBRECHT S，et al. Building Semantic Object Maps from Sparse and Noisy 3D Data[C]. IEEE/RSJ International Conference on Intelligent Robots and Systems，2013.

[132] HINTERSTOISSER S，LEPETIT V，ILIC S，et al. Dominant Orientation Templates for Real-Time Detection of Texture-Less Objects[C]. 2010 IEEE Conference on Computer Vision and Pattern Recognition，2010.

[133] KANJI T. Cross-Season Place Recognition Using NBNN Scene Descriptor[C]. IEEE/RSJ International Conference on Intelligent Robots and Systems，2015.

[134] TANAKA K. Unsupervised Part-Based Scene Modeling for Visual Robot Localization[C]. IEEE International Conference on Robotics and Automation，2015.

[135] KO D W，YI C，SUH I H. Semantic Mapping and Navigation：A Bayesian Approach[C]. IEEE/RSJ International Conference on Intelligent Robots & Systems，2014.

[136] LAI K，BO L，FOX D. Unsupervised Feature Learning for 3D Scene Labeling[C]. IEEE International Conference on Robotics & Automation，2014.

[137] RIBEIRO F，BRANDAO S，COSTEIRA J P，et al. Global Localization by Soft Object Recognition from 3D Partial Views[C]. IEEE/RSJ International Conference on Intelligent Robots and Systems，2015.

[138] SALAS-MORENO R F，NEWCOMBE R A，STRASDAT H，et al. SLAM++：Simultaneous Localisation and Mapping at the Level of Objects[C]. IEEE Conference on Computer Vision and Pattern Recognition，2013.

[139] SENGUPTA S，GREVESON E，SHAHROKNI A，et al. Urban 3D Semantic Modelling Using Stereo Vision[C]. IEEE International Conference on Robotics and Automation，2013.

[140] VINEET V，MIKSIK O，LIDEGAARD M，et al. Incremental Dense Semantic Stereo Fusion for Large-Scale Semantic Scene Reconstruction[C]. IEEE International Conference on Robotics and Automation，2015.

[141] VOLKOV M，ROSMAN G，FELDMAN D，et al. Coresets for Visual Summarization with

Applications to Loop Closure[C]. IEEE International Conference on Robotics and Automation，2015.

[142] IVANOV R，ATANASOV N，WEIMER J，et al. Estimation of Blood Oxygen Content Using Context-Aware Filtering[C]. 2016 ACM/IEEE 7th International Conference on Cyber-Physical Systems，2016.

[143] ATANASOV N，ZHU M，DANIILIDIS K，et al. Semantic Localization Via the Matrix Permanent[C]. Robotics：Science and Systems 2014，2014.

[144] LATIF Y，HUANG G，LEONARD J，et al. An Online Sparsity-Cognizant Loop-Closure Algorithm for Visual Navigation[C]. Robotics：Science and Systems 2014，2014.

[145] WALTER M R，HEMACHANDRA S ，HOMBERG B ，et al. A Framework for Learning Semantic Maps from Grounded Natural Language Descriptions[J]. The International Journal of Robotics Research，2014，33（9）：1167-1190.

[146] WONG L L S，KAELBLING L P， Lozano-Pérez T. Data Association for Semantic World Models from Partial Views[C]. International Symposium of Robotic Research，2013.

[147] HUAI J，ZHANG Y，YILMAZ A. Real-Time Large Scale 3D Reconstruction by Fusing Kinect and Imu Data[J]. ISPRS Annals of Photogrammetry，Remote Sensing and Spatial Information Sciences，2015，II-3/W5（1）：491-496.

[148] LI M Y，MOURIKIS A I. High-Precision，Consistent EKF-Based Visual-Inertial Odometry[J]. The International Journal of Robotics Research，201332（3）：690-711.

[149] KNUTH J，BAROOAH P. Distributed Collaborative 3D Pose Estimation of Robots from Heterogeneous Relative Measurements ： An Optimization on Manifold Approach[J]. Robotica，2015，33（7）：1507-1535.

[150] MOHANARAJAH G，USENKO V，SINGH M，et al. Cloud-Based Collaborative 3D Mapping in Real-Time with Low-Cost Robots[J]. IEEE Transactions on Automation Science and Engineering，2015，12（2）：423-431.

[151] LEUTENEGGER S，LYNEN S，BOSSE M，et al. Keyframe-Based Visual-Inertial Odometry Using Nonlinear Optimization[J]. The International Journal of Robotics Research，2015，34（3）：314-334.

[152] VAUTHERIN J，RUTISHAUSER S，et al. Photogrammetric Accuracy and Modeling of Rolling Shutter Cameras[J]. ISPRS Annals of Photogrammetry，Remote Sensing & Spatial Information Sciences，2016，3（3）：139-146.

[153] LI M，MOURIKIS A I. Vision-Aided Inertial Navigation with Rolling-Shutter Cameras[J]. The International Journal of Robotics Research，2014，33（11）：1490-1507.

[154] KOS A，TOMAZIC S，UMEK A. Evaluation of Smartphone Inertial Sensor Performance for Cross-Platform Mobile Applications[J]. Sensors，2016，16（4）：477.